조경기능사

필기 5개년
시험문제

머리말

조경기능사 필기

　조경기능사는 조경 분야의 실무 기술을 인증받을 수 있는 국가기술자격증이며, 조경 설계, 시공, 관리와 관련된 기술을 익히고 이를 실무에 적용할 수 있는 능력을 평가합니다.

　이 자격증은 조경 관련 업무를 수행하기 위한 기본적인 자격이며, 조경 산업에 종사하려는 사람들에게 유용합니다.

1. 정원문화 확산과 정원 전문가 양성
2. 도시농업 활성화와 전문 인력 양성
3. 조경회사, 건설회사, 공공기관 등에서 조경 관련 업무 수행을 위한 기본 자격
4. 조경 분야에서 기본적인 실무 능력을 공식적으로 인증받은 증명서
5. 정원 관리 서비스 및 조경 설계, 시공 관련 창업에 필요한 기본 자격
6. 일부 공무원 시험에서의 가산점 혜택
7. 조경(산업)기사, 조경기술사, 나무의사 취득을 위한 첫 단계로 유용

빠른 조경기능사 필기시험에 합격하는 방법은 아래와 같습니다.

1. 기출문제 중심의 반복 학습
2. 핵심 이론을 통한 개념 이해
3. 자주 틀리는 문제의 오답 노트를 통한 학습

위와 같은 방법을 통하여 집중해서 공부하는 것이 중요합니다.

핵심 이론을 통한 개념을 확립하고 공부하는 것이 좋지만, 여건상 시간이 부족할 때는 핵심 이론보다 기출 복원 문제와 정답을 반복적으로 익혀 정답을 찾는 방법도 매우 유용합니다.

　국가기술자격증 조경기능사 필기시험은 CBT 방식으로 치러지면서 문제은행식 출제이기에 기출 복원 문제와 정답을 공부하는 것이 가장 빠른 합격의 지름길입니다. 하지만 조경의 기본적인 이론적 지식은 가지고 있어야 스스로 더 발전할 수 있습니다.

저자

조경기능사 필기 자격시험 안내

조경기능사 직무내용

조경 실시설계 도면을 이해하고 현장 요건을 고려하여 시공을 통해 조경 결과물을 도출하여 이를 관리하는 직무이다.

조경기능사 취득 방법

1. 시행처 : 한국산업인력공단

2. 시험과목
- 필기 : ①조경일반 ②조경재료 ③조경시공 및 관리
- 실기
  - 1일차 : 1차 실기시험 (1과제 : 도면설계작업, 2과제 : 수목영상감별)
  - 2일차 : 2차 실기시험 (3과제 : 조경시공 실무작업 2개 과정)

3. 검정방법
- 필기 : 객관식 4지 택일형 60문항(60분)
- 실기 : 작업형(3시간 30분 내외) : 도면작업+수목감별+조경시공작업

4. 합격기준 : 100점 만점 60점 이상

조경기능사 출제기준(필기)

필기 과목명	문제수	주요항목
조경설계 조경시공 조경관리	60 문항	1. 조경양식의 이해 2. 조경계획 3. 조경기초설계 4. 조경설계 5. 조경식물 6. 기초 식재공사 7. 잔디식재공사 8. 실내조경공사 9. 조경인공재료 10. 조경시설 공사 11. 조경포장공사 12. 조경공사 준공전관리 13. 일반 정지전정관리 14. 관수 및 기타 조경관리 15. 초화류관리 16. 조경시설 관리

조경기능사 출제기준(실기)

실기과목명	주요항목	
조경 기초 실무	1. 조경기초설계	2. 조경설계
	3. 기초 식재공사	4. 조경시설 공사
	5. 조경포장공사	6. 잔디식재공사
	7. 실내조경공사	8. 조경공사 준공전관리
	9. 일반 정지전정관리	10. 관수 및 기타 조경관리

조경기능사 수목감별 표준수종 목록(120종)

순서	수목명	순서	수목명	순서	수목명	순서	수목명
1	가막살나무	31	돈나무	61	산벚나무	91	졸참나무
2	가시나무	32	동백나무	62	산사나무	92	주목
3	갈참나무	33	등	63	산수유	93	중국단풍
4	감나무	34	때죽나무	64	산철쭉	94	쥐똥나무
5	감탕나무	35	떡갈나무	65	살구나무	95	진달래
6	개나리	36	마가목	66	상수리나무	96	쪽동백나무
7	개비자나무	37	말채나무	67	생강나무	97	참느릅나무
8	개오동	38	매화(실)나무	68	서어나무	98	철쭉
9	계수나무	39	먼나무	69	석류나무	99	측백나무
10	골담초	40	메타세쿼이아	70	소나무	100	층층나무
11	곰솔	41	모감주나무	71	수국	101	칠엽수
12	광나무	42	모과나무	72	수수꽃다리	102	태산목
13	구상나무	43	무궁화	73	쉬땅나무	103	탱자나무
14	금목서	44	물푸레나무	74	스트로브잣나무	104	백합나무
15	금송	45	미선나무	75	신갈나무	105	팔손이
16	금식나무	46	박태기나무	76	신나무	106	팥배나무
17	꽝꽝나무	47	반송	77	아까시나무	107	팽나무
18	낙상홍	48	배롱나무	78	앵도나무	108	풍년화
19	남천	49	백당나무	79	오동나무	109	피나무
20	노각나무	50	백목련	80	왕벚나무	110	피라칸타
21	노랑말채나무	51	백송	81	은행나무	111	해당화
22	녹나무	52	버드나무	82	이팝나무	112	향나무
23	눈향나무	53	벽오동	83	인동덩굴	113	호두나무
24	느티나무	54	병꽃나무	84	일본목련	114	호랑가시나무
25	능소화	55	보리수나무	85	자귀나무	115	화살나무
26	단풍나무	56	복사나무	86	자작나무	116	회양목
27	담쟁이덩굴	57	복자기	87	작살나무	117	회화나무
28	당매자나무	58	붉가시나무	88	잣나무	118	후박나무
29	대추나무	59	사철나무	89	전나무	119	흰말채나무
30	독일가문비	60	산딸나무	90	조릿대	120	히어리

※ 조경기능사 실기시험에 출제되는 수목감별 표준수종 목록(120종)의 수목은 평소 눈에 익히고 공부를 해두면 조경 공부를 하는 데 많은 도움이 된다.

머리말 2
조경기능사 필기 자격시험 안내 4
조경기능사 수목감별 표준수종 목록(120종) 6

제1편 조경기능사 필기 빈출문제

제1장 조경식물 관련 문제 10
제2장 조경일반 16
제3장 조경시공 30
제4장 조경관리 43

제2편 조경기능사 CBT 복원 문제

2021년 제1회~제3회 CBT 복원 문제 54
2022년 제1회~제3회 CBT 복원 문제 102
2023년 제1회~제3회 CBT 복원 문제 150
2024년 제1회~제3회 CBT 복원 문제 198
2025년 제1회~제2회 CBT 복원 문제 244

제1편

조경기능사 필기
빈출 문제

제 01 장 조경식물 관련 문제
제 02 장 조경일반
제 03 장 조경시공
제 04 장 조경관리

제1장 조경식물 관련 문제

- 공해에 강하여 가로수로 가장 많이 쓰이는 나무는?
  > 은행나무

- 봄에 노란 꽃이 피며 붉은 열매는 약용으로 쓰이는 나무는?
  > 산수유

- 여름에 연보라색 꽃이 피며 뿌리는 약용으로 쓰이며 그늘진 나무 밑에서도 잘 자라는 지피식물은?
  > 맥문동

- 공해와 맹아력은 약하지만 건조지, 척박지에서도 잘 자라며, 이식하기 어려운 나무는?
  > 소나무

- 모래터 위의 녹음식재에 적합한 나무는?
  > 버즘나무, 백합나무

- 겨울 화단용 꽃은?
  > 꽃양배추

- 흰색 계통의 줄기를 갖는 나무는?
  > 자작나무, 백송, 버즘나무

- 꽃에 향기가 없는 나무?
  > 자귀나무

- 그늘진 곳에서 잘 자라며 맹아력이 강하여 형상수로 적합하며 가을에 열매가 붉게 되는 나무는?
  > 주목

- 어릴 때는 심근성, 자라서는 천근성인 나무는?
  오리나무

- 빗자루병에 잘 걸리는 나무는?
  대추나무

- 흰가루병에 잘 걸리며 기름진 땅이 아니면 잘 자라지 못하는 나무는?
  장미

- 봄 파종(가을 화단용) 초화류는?
  맨드라미, 매리골드, 피튜니아

- 가을 파종(봄 화단용) 초화류는?
  팬지, 스위트피, 피튜니아, 금잔화

- 봄심기(가을 화단용) 알뿌리 화초는?
  다알리아, 칸나

- 가을심기(봄 화단용) 알뿌리 화초는?
  튤립, 수선화

- 잎에 오배자(벌레혹)가 생기는 나무는?
  붉나무

- 나이가 들면서 지서각(枝序角)이 90도 이상으로 벌어지는 나무는?
  독일가문비나무

- 서양잔디 중에 포기 번식을 하는 것은?
  하이브릿버뮤다 그래스

- 골프장 그린의 잔디는?
  벤트그라스

- **초록색(청록색) 수피를 갖는 나무는?**
  벽오동

- **붉은 계통의 단풍은?**
  담쟁이덩굴, 붉나무, 옻나무, 감나무, 화살나무, 마가목, 홍단풍, 산딸나무

- **황색 계통의 단풍은?**
  은행나무, 느티나무, 백합나무, 갈참나무, 고로쇠나무, 계수나무, 칠엽수

- **내염성이 약한 나무는?**
  독일가문비나무, 소나무, 일본목련, 왕벚나무 등

- **내염성이 강한 나무는?**
  해송, 비자나무, 눈향나무, 동백나무 등

- **굵은 가지를 전정하면 상처가 썩어 들어가며 흰가루병과 빗자루병 모두 잘 걸리는 나무는?**
  벚나무

- **흰색 꽃이 피는 나무는?**
  이팝나무, 조팝나무, 산딸나무

- **이식이 어려운 나무는?**
  소나무, 자귀나무

- **공해에 강한 수종은?**
  사철나무, 벽오동, 은행나무, 버즘나무, 가시나무

- **공해에 약한 수종은?**
  소나무, 전나무, 자작나무, 독일가문비나무

- **옥상 조경에 좋은 나무는?**
  라일락(수수꽃다리)

- 도장지가 잘 생기는 나무는?
  > 느티나무, 라일락

- 가지치기를 안 해도 수형이 잘 잡히는 나무는?
  > 느티나무

- 스스로 서지 못하는 만경목은?
  > 담쟁이덩굴, 능소화, 송악, 으름덩굴, 인동덩굴, 등, 칡

- 골프장의 티, 페어웨이, 러프의 잔디는?
  > 들잔디

- 정아에 꽃이 피는 나무는?
  > 수국

- 심근성 수종은?
  > 소나무, 전나무, 느티나무, 은행나무, 모과나무, 백합나무, 상수리나무

- 천근성 수종은?
  > 독일가문비, 편백, 미루나무, 자작나무, 버드나무, 현사시나무, 매화나무

- 울타리용 수종은?
  > 쥐똥나무, 사철나무, 개나리, 철쭉, 회양목, 매자나무, 명자꽃, 화살나무, 가시나무

- 지피식물은?
  > 맥문동, 잔디, 조릿대

- 척박지에 잘 견디는 수종은?
  > 소나무, 오리나무, 자작나무, 등, 아까시나무, 자귀나무

- 비옥지를 좋아하는 수종은?
  > 주목, 장미, 측백나무, 회양목, 철쭉, 벽오동, 벚나무, 불두화

○ 잎의 모양은 침엽수이나 활엽수에 속하는 나무는?

　위성류

○ 잎의 모양은 활엽수이나 침엽수에 속하는 나무는?

　은행나무

○ 전정할 때 반드시 가위를 45도로 눕혀서 해야 하는 나무는?

　가이즈까향나무

○ 소나무과 나무 중 3엽송 나무는?

　백송, 리기다소나무

○ 임해공업단지에 가장 적합한 나무는?

　사철나무

○ 월동기를 대비하여 반드시 수피감기를 해줘야 하는 나무는?

　단풍나무, 배롱나무

○ 붉은별무늬병(적성병)의 기주식물은?

　향나무

○ 우리나라 남부지방에서만 월동이 가능한 식물은?

　동백나무, 아왜나무, 후박나무, 돈나무, 꽝꽝나무, 먼나무, 식나무, 광나무, 녹나무, 태산목, 협죽도, 남천, 피라칸타, 다정큼나무, 호랑가시나무, 치자나무

○ 3월에 개화하는 나무는?

　동백나무, 풍년화, 생강나무, 산수유, 매실나무, 개나리

○ 1회 신장형 나무는?

　소나무

- 모란의 이식시기는?
  > 8~9월

- 들잔디 뗏밥 넣는 시기는?
  > 6~8월(여름)

- 빨간 열매를 갖는 나무는?
  > 산딸나무, 남천, 피라칸타, 산수유 등

- 초화류 화단 중에 중앙에는 키 큰 직립성 초화를 심고 주변으로 갈수록 키 작은 종류를 심어 사방에서 관찰할 수 있도록 만든 화단은?
  > 기식 화단

- 초화류 화단 중에 지면보다 1m 정도 낮게 하여 초화류가 한 눈에 내려다 보이도록 만든 화단은?
  > 침상화단

- 잔디밭이 과습 할 경우 잘 생기는 병은?
  > 붉은녹병

제2장 조경일반

◉ **프랑스의 평면기하학식 정원을 확립하는데 가장 큰 기여를 한 사람은?**

> 르 노트르

※ 앙드레 르 노트르(André Le Notre)
- 장엄한 스케일로 건물보다 정원이 주가 되도록 구성
- 평면기하학식(2차원적) 정원양식 확립
- 대표작 : 보르비꽁트 정원, 베르사이유 궁원
- 비스타(vista, 통경선)를 형성하여 화려하고 장식적인 정원으로 조성
- 운하(canal)와 소로(allee)를 설치하여 끝없이 확대되도록 조성

◉ **'사자(死者)의 정원'이라는 이름의 묘지정원을 조성한 고대 정원은?**

> 이집트 정원

◉ **고려시대 조경수법은 대비를 중요시하는 양상을 보인다. 어느 시대의 수법을 받아 들였는가?**

> 중국 송시대

◉ **서양의 대표적인 조경양식?**

> 이탈리아-노단건축식, 프랑스-평면기하학식, 독일-풍경식, 영국-자연풍경식

◉ **정원양식의 분류**

분류	특징	종류	대표적 예
정형식 정원	서아시아, 유럽 발달 축 중심 좌우 대칭형 직선, 원, 원호 등을 사용 기하학식 정원	평면기하학식	프랑스 정원
		노단건축식	이탈리아 정원
		중정식	스페인, 중세수도원
자연식 정원	연못, 호수 중심의 정원 주변 돌아보는 회유 경관 동아시아, 18세기 영국	자연풍경식	영국, 독일
		회유임천식	일본, 중국
		고산수식	일본(불교영향)
절충식 정원	실용성과 자연성을 절충	정형식+자연식	조선시대

이집트 정원의 특징

- 주택정원은 자연환경, 조영기술과 밀접한 관련
- 정원에 T자 형태의 침상지, 키오스크 배치
- 이집트인들은 시카모아를 신성시하여 정원에 식재
- 정원설계는 주축선을 중심으로 완전한 대칭형태
- 높은 담과 물의 이용, 녹음수의 활용
- 연꽃은 상 이집트, 파피루스는 하 이집트를 상징

아고라(Agora)

- 도시 활동의 중심지로 시장이나 집회 장소로 이용
- 공공건물(도서관, 의회당, 신전, 야외 음악당)로 둘러싸인 중앙공간의 광장

- **포럼(Forum)**
  - 그리스의 아고라와 같은 의미를 가진 로마의 지배계급을 위한 상징적 지역
  - 둘러싸인 건물에 의해 일반광장, 시장광장, 황제광장으로 구분

- **고대 로마의 주택공간**
  - 아트리움 : 제1중정, 손님맞이나 상담 등의 공적 공간, 바닥 돌포장, 화분장식
  - 페리스틸리움 : 제2중정, 가족용 사적공간, 바닥 비포장, 꽃, 분수, 조각 등 정형적 배치, 벽화, 침실 거실과 연결
  - 지스터스 : 후원, 가족의 옥외공간, 수로를 축으로 좌우에 원로와 화단을 대칭적으로 배치, 관목 군식, 5점형 식재

ATRIUM　　PERISTYLIUM　　XYSTUS

클로이스터 가든

- 중세 수도원의 회랑식 중정으로 사방이 회랑으로 둘러싸이고, 중정의 중앙에 샘이나 분수가 있는 것이 특징

그라나다의 알함브라 궁전

- 알베르카 중정 : 궁전의 주정으로 공적 기능, 정확한 비례와 화려함, 장엄미
- 사자의 중정 : 주랑식 중정, 4개의 중정 중 가장 화려함, 분수에서 4개의 수로가 사방에 뻗음, 12마리 사자상이 수반과 분수를 받치고 물의 존귀성을 표현
- 린다라하 중정 : 중정 가운데 분수 시설, 여성적인 분위기, 회양목으로 가장자리 식재하여 여러 모양의 화단을 만듦
- 창격자 중정 : 중정 네 귀퉁이에 사이프러스를 식재하여 사이프러스 중정이라고도 함, 중앙에 분수를 세워 4개의 수로와 연결, 바닥은 둥근 색 자갈로 무늬를 줌

- **르네상스 시대 로마 별장**
    - 파르네제 장 : 비뇰라 설계, 두 개 층의 테라스, 캐스케이드
    - 에스테 장 : 리고리오 설계, 물을 풍부하고 다양하게 사용, 100개의 분수로 물 풍금, 용의 분수 등
    - 란테 장 : 비뇰라 설계, 수경축이 정원의 중심, 두 개의 카지노
    - 메디치 장 : 미켈로지 설계, 전체의 가시 경관이 결합되어 일부가 됨

- **르네상스 시대 각국의 조경양식**
    ① 네덜란드 : 운하식
    ② 이탈리아 : 노단건축식
    ③ 프랑스 : 평면기하학식
    ④ 영국 : 자연풍경식

- **하하(Ha-Ha) 기법 (찰스 브릿지맨 : 스토우 원에 하하 기법 도입)**
  - 정원과 외부 사이에 수로를 파서 경계하는 기법
  - 수로의 존재를 모르고 원로를 따라 걷다가 갑자기 원로가 수로로 차단되어 있음을 발견하고 지르는 감탄사로 인해 생긴 이름

프랑스 정원의 특징
- 17세기 : 소로(Allee)와 산림의 적극적인 활용, 이탈리아 영향의 평면기하학식
- 18세기 : 영국의 자연풍경식 조경양식 유행, 에름농빌, 쁘띠 트리아농, 몽소공원 등

영국 정원의 특징
- 17세기 튜더왕조까지는 정형식, 18세기 이후 낭만주의 영향으로 자연풍경식으로 발전, 넓은 목초지와 목가적인 풍경을 정원화

독일 정원의 특징
- 영국의 풍경식 정원 양식의 영향으로 독특한 양식으로 발달
- 식물 생태학과 지리학에 기초를 둔 과학적인 조성

미국 센트럴 파크(Central Park)
- 1861년 옴스테드에 의해 조성
- 영국 최초의 공공공원인 버컨헤드공원의 영향을 받은 최초의 도시공원
- 미국 도시공원의 효시, 국립공원 운동에 영향을 주어 1872년 옐로스톤공원이 최초의 국립공원으로 지정
- 부드러운 곡선의 수변 및 폭넓은 원로와 잔디광장으로 구성

중국 정원의 특징

- 태호석을 이용한 석가산 수법 사용
- 축산기법의 발달로 더욱 압축된 산수경관 조성
- 경관의 조화보다 대비에 중점
- 하나의 정원 속에 부분적으로 여러 비율을 혼합하여 사용
- 우뚝은 괴석과 기하학적 형태의 바닥 포장
- 자연의 미와 인공의 미를 함께 사용
- 사실주의보다는 상징주의적 축조가 주를 이루는 사의주의, 회화풍경식
- 차경수법 도입 : 앙차–올려보기, 부차–내려보기(원야)

중국의 정원

- 중국 대표 민가 정원 : 졸정원, 작원
- 중국의 4대 명원
  - 북경 : 이화원, 피서산장
  - 소주 : 졸정원, 유원
- 소주지방 4대 명원 : 졸정원, 사자림, 창랑정, 유원
- 원명원 이궁 : 동양 최초의 서양식 기법 도입
- 현재 남아있는 중국 정원 유적은 주로 명과 청 시대의 정원 유적

일본 정원의 특징
- 중국의 영향으로 사의주의 자연풍경식 발달
- 자연풍경을 이상화하여 축경법으로 표현 (자연재현 → 추상화 → 축경화)
- 기교와 관상가치가 뛰어난 인공적 기교
- 조화에 비중, 차경수법이 활발

한국 조경의 특징
- 신선사상, 음양오행설, 풍수지리사상, 유교사상

정원 담당 관서
- 고려시대 : 내원서(內園署), 조선시대 : 장원서(掌園署)

백제시대 정원의 특징
- 임류각(동성왕 22년, 500) : 궁 동쪽에 세워 강의 수경과 산야의 조경을 즐김, 희귀한 새와 짐승을 길렀으며, 화려한 연못이 존재
- 궁남지(무왕 35년, 634) : 우리나라 최초로 신선사상을 반영한 지원
- 연못 가운데에 봉래산을 상징하는 섬 위치

월지(안압지)(문무왕 14년, 674)
- 궁중에 못을 파고 산을 만들어 진기한 새와 짐승을 길렀다는 기록이 존재
- 연못의 면적은 약 16,800㎡ 정도
- 삼신도를 상징하는 대,중,소 3개의 섬 축조
- 못의 북안과 동안으로 무산 12봉을 상징하는 12개의 인공산
- 호안은 다듬은 돌로 마감
- 월지를 포함한 임해전 지원은 신선사상을 바탕으로 구성, 연회와 관상, 뱃놀이

고려시대 정원의 특징
- 중국 정원 역사 중 화려했던 송나라의 영향을 받아 관상 위주의 정원을 꾸밈
- 이규보의 사륜정 : 6명이 탈 수 있는 이동식 정자
- 순천관 : 송나라 사신의 영빈관으로 이용
- 원정 : 전망 좋은 강변과 언덕에 설치한 정자
- 8대 조경식물 : 소나무, 버드나무, 매화나무, 향나무, 은행나무, 자두나무, 배나무, 복사나무

조선시대 정원의 특징
- 조선 중엽 이후 한국적 색채가 짙은 정원양식으로 발달(후원양식)
- 신선사상 : 삼신상과 불로장생을 상징하는 십장생, 중도(中島) 설치
- 음향오행설 : 방지원도(方池圓島)

조선시대 궁궐정원
- 경복궁(정궁), 창덕궁(이궁), 창경궁, 덕수궁

조선시대 별서정원(농사+별장)
- 양산보의 소쇄원(1520~1530, 전라남도 담양)
- 정영방의 서석지(1636, 경상북도 영양군)
- 윤선도의 부용동원림(1637, 전라남도 완도군 보길도)
- 정약용의 다산초당(1808, 전라남도 강진군)
- 김조순의 옥호정(1815, 서울 종로구 삼청동)

연못의 형태
- 방지방도(方池方島) : 네모난 연못 안의 네모난 섬, 부용동 세연정, 강릉 선교장 활래정 지원, 경복궁 경회루 등
- 방지원도(方池圓島) : 네모난 연못 안의 둥근 섬, 창덕궁 부용지, 담양 소쇄원, 윤증고택 연못 등

방지방도

방지원도

- 미국조경가협회에서 조경은 실용성과 즐거움, 자원의 보전과 효율적 관리, 문화적 지식의 응용을 통하여 설계, 계획하고 토지를 관리하며, 자연 및 인공 요소를 구성하는 기술이라고 새롭게 정의 한 연도는?
  > 1975년

- 19세기 정원의 실용적인 측면이 강조되어 독일에서 만들어진 정원의 형태는?
  > 분구원

- 공공의 조경이 크게 부각되기 시작한 때는?
  > 근세 시대

- 정원요소로 징검돌, 물통, 세수통, 석등 등의 배치를 중시하던 일본의 정원 양식은?
  > 다정원

- 한국 조경사 중 백제시대의 조경은?
  > 임류각, 궁남지, 석연지

- 백제의 노자공이 일본에 건너가 전파한 축산의 형태는?
  > 수미산

- 중국 옹정제가 제위전 하사받은 별장으로 영국에 중국식 정원을 조성하게 된 계기가 된 곳은?
  > 원명원

- 수목 또는 경사면 등의 주위 경관 요소들에 의하여 자연스럽게 둘러싸여 있는 경관을 무엇이라 하는가?
  > 위요경관

- 전라남도 담양 지역의 정자원은?
  > 소쇄원 원림, 명옥헌 원림, 식영정 원림

- 자연 경관을 인공으로 축경화(縮景化)하여 산을 쌓고, 연못, 계류, 수림을 조성한 정원은?
  > 회유임천식

- **일본에서 가장 먼저 발달한 정원 양식은?**
  회유임천식

- **그리스 시대 공공건물과 주랑으로 둘러싸인 다목적 열린 공간으로 무덤의 전실을 가리키기도 했던 곳은?**
  포럼

- **우리나라 최초의 국립공원은?**
  지리산

  우리나라 국립공원 순서 :
  지리산-1967년 12월, 한라산-1970년 3월, 내장산-1971년 11월, 설악산-1982년 6월

- **스페인의 파티오(patio)에서 가장 중요한 구성요소는?**
  물

  파티오의 구성 요소에는 물(水), 색체타일, 분수, 발코니 등이 있으며, 이중 물이 가장 중요한 구성요소다.

- **'자연은 직선을 싫어한다'라고 주장한 영국의 낭만주의 조경가는?**
  캔트

- **주축선을 따라 설치된 원로의 양쪽에 짙은 수림을 조성하여 시선을 주축선으로 집중시키는 수법은?**
  비스타(vista)

- **1858년에 조경가(Landscape architect)라는 말을 처음으로 사용하기 시작한 사람은?**
  옴스테드

- **조선시대 궁궐의 침전 후정에서 볼 수 있는 대표적인 것은?**
  경사지를 이용해서 만든 계단식의 노단

- 중국 청나라시대 대표적인 정원?
  원명원이궁, 이화원이궁, 승덕피서산장

- 스페인 현존 이슬람 정원 형태로 유명한 곳은?
  알함브라 궁전

- 옛날 처사도를 근간으로 하는 은일사상이 가장 성행하였던 시대는?
  조선시대

- 이탈리아 양식 중 노단식으로 넘어가게 된 시점은?
  르네상스

- 회교문화의 영향으로 독특한 정원양식을 보이는 곳은?
  스페인정원

- 일본에서 고산수 수법이 가장 크게 발달했던 시기는?
  무로마치시대 (바위, 왕모래, 나무만 사용한 축산고산수식에서 나무도 사용 안하는 평정고산수식으로 발달)

- 고대로마 정원 배치는 3개의 중정으로 구성 그 중 사적 기능을 가진 제2중정에 속하는 곳은?
  페리스틸리움
  - 제1중정 아트리움 : 손님 접대, 사무공간
  - 제2중정 페리스틸리움 : 가족사적, 지스터스는 뒤뜰 위치한 후원

- 사대부나 양반계급에 속했던 사람이 자연속에 묻혀 야인으로서의 생활을 즐기던 별서정원은?
  소쇄원, 부용동정원, 다산정원

- 영국인 brown의 지도하에 덕수궁 석조전 앞뜰에 조성된 정원양식과 관계되는 것은?
  보르비콩트 정원

○ 풍수에 영향을 받아 조경을 조성한 시대는?
> 조선시대

○ 레드북(Red Book)에 정원 개조 전후의 모습을 스케치하여 의뢰인에게 보여 줌으로써 비교와 이해를 쉽게 한 조경가는?
> 험프리 렙턴

○ 정원과 지역 연결
> - 양산보 소쇄원 : 전남 담양
> - 유이주 운조루 : 전남 구례
> - 정약용 다산초당 : 전남 강진
> - 윤선도 부용동 : 전남 완도

○ 움베르토 에코의 소설 "장미의 이름"에 나오는 건축양식은?
> 바로크양식

○ 중국 조경의 시대별?
> 청나라 – 이화원, 송나라 – 만세산, 한나라 – 태액지, 삼국시대 – 화림원

○ 인도정원에 가장 큰 영향을 준 것은?
> 물

제3장 조경시공

○ **수목의 규격 표시**
① 수고(H) : H로 표시하며 단위는 m
② 수관폭(W) : W로 표시하며 단위는 m
③ 근원직경(R) : 뿌리 위 밑둥의 지름으로 R로 표시하며 단위는 cm
④ 흉고직경(B) : 지상 1.2m 높이 줄기의 지름으로 B로 표시하며 단위는 cm
⑤ 수고(H)×수관폭(W) : 대부분의 상록수, 관목
⑥ 수고(H)×근원직경(R) : 대부분의 활엽수에 해당
⑦ 수고(H)×흉고직경(B) : 왕벚나무, 아왜나무, 자작나무, 은행나무, 버즘나무 등

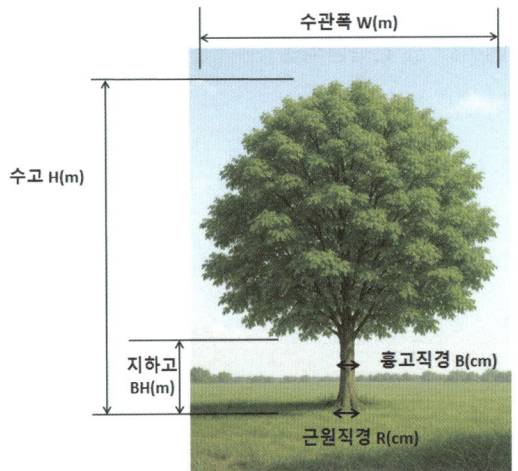

그림 : 수목의 규격 표시

○ **경관구성의 미적원리?**

- 통일성 : 조화, 균형, 대칭, 비대칭, 반복, 강조
- 다양성 : 변화, 리듬, 대비, 비례, 율동, 단순미

○ **자연석 모양에 따른 종류는?**

입석, 사석(장주석모양), 평석(평면판 모양), 와석(용이 누운것 같은 모양)

- **명도와 채도**
  - 면적이 크면 밝아 보인다.(명도, 채도 증가)
  - 면적이 적으면 어두워 보인다.(명도, 채도 감소)

- **용광로에서 나오는 광석 찌꺼기를 석고와 함께 시멘트에 섞은 것으로서 하수도 공사에 쓰이는 것은?**
  고로시멘트

- **굳지 않은 콘크리트의 성질을 표시하는 용어 중 거푸집 등의 형상에 순응하여 채우기 쉽고, 분리가 일어나지 않는 성질을 가리키는 것은?**
  플라스티서티
  (형상순응=플라스티서티, 워커빌리티=반죽질기)

- **옥상정원 인공지반 상단의 식재 토양층에 조성시 경량재로 사용하기 가장 부적당한 것은?**
  석회

- **석재의 가공 방법 순서는?**
  혹두기 → 정다듬 → 도드락다듬 → 잔다듬 → 물갈기

- **수중에 있는 골재를 채취했을 때 무게가 1,000g, 표면건조 내부포화상태의 무게가 900g, 대기건조 상태의 무게가 860g, 완전건조 상태의 무게가 850g일 때 함수율 값은?**
  17.65%
  함수율(%)=(골재채취무게−완전건조무게)/완전건조무게×100
  　　　　 =(1000−850)/850×100
  　　　　 =17.647

- **진흙 굳히기 공법은 어느 공사에서 사용되는가?**
  연못 공사

- **화성암의 일종으로 돌 색깔은 흰색 또는 담회색으로 주로 경관석, 바닥포장, 석탑, 석등, 묘비석 등으로 사용되는 것은?**
  화강암

◯ 비교적 좁은 지역에서 대축척으로 세부 측량을 할 경우 효율적이며, 지역 내에 장애물이 없는 경우 유리한 평판 측량방법은?

방사법

◯ 조경 시공 시 지형의 높고 낮음을 주로 측정하는 측량기는?

레벨

◯ 계단공사에서 발판 높이를 20cm로 했을 때 발판의 길이가 적당한 것은?

20~30cm

◯ '물체의 실제 치수'에 대한 '도면에 표시한 대상물의 비'를 의미하는 용어는?

척도

◯ 동일 면적에서 가장 많은 주차 대수를 설계할 수 있는 주차방식은?

직각주차방식

◯ 목재의 심재와 변재에 관한 설명

- 심재 : 목재의 수심 가까이 위치하고 있는 적갈색 부분을 말하며, 단단하고 내구성이 크다.
- 변재 : 목재의 표면에 위치한 부분으로 심재보다 비중과 강도 흡수성 수축변형이 크다. 내구성이 작으며 수액의 이동과 양분의 저장 역할을 한다.

◯ 일반적으로 사용하는 석가산 정원석의 크기는?

50~100cm

◯ 골프장 그린의 잔디는?

벤트그라스

◯ 설계도면에서 특별히 정한 바가 없는 경우에는 옹벽 찰쌓기를 할 때 배수구는 PVC관(경질염화비닐관)을 3m³당 몇 개가 적당한가?

1개

○ 평판을 정치(세우기)하는데 오차에 가장 큰 영향을 주는 항목은?
   방향맞추기(표정)

○ 곧은결 판재에 대한 설명으로 옳은 것은?
   건조 중에 표면 활력이 덜 생긴다.

○ 조경이 타 건설 분야와 차별화될 수 있는 가장 독특한 구성요소는?
   식물

○ 정원 설계 시 잔디 및 초본류의 생육 최소 토심은?
   30cm

○ 야왜나무의 식재 시 품의 산정은 어느 것을 기준으로 하는가?
   나무높이

○ 일반적으로 목재의 비중과 가장 관련이 있으며, 목재 성분 중 수분을 공기 중에서 제거한 상태의 비중을 말하는 것은?
   기건비중

○ 목재의 방부법?
   도포법, 침지법, 분무법

○ 방위각 150°를 방위로 표시하면?
   S 30°E

○ 가법혼색과 감법혼색

  - 가법혼색 : 빛을 혼합하는 방식이기 때문에 서로 더할수록 밝아지며 삼원색을 동시에 비추면 하얀색이 된다.
  - 감법혼색 : 색을 혼합하는 방식이기 때문에 서로 더할수록 탁해지며 삼원색을 동시에 비추면 탁해져 검은색이 된다.
    (다양한 물감을 섞을수록 색이 탁해져 결국 회색에 가까워지는 것이 감법혼색의 좋은 예다.)

- **해초풀 물이나 기타 접착제를 사용하는 미장 재료는?**
  > 회반죽

- **콘크리트용 골재의 흡수량과 비중을 측정하는 주된 목적은?**
  > 콘크리트의 배합설계를 고려하기 위해

- **플래니미터란?**
  > 설계도상 부정형 지역의 면적 측정 시 주로 사용되는 기구

- **표면 탄화법**
  > - 목재의 표면을 두께 3~10mm 정도 태워서 탄화
  > - 가격이 싸고 간편
  > - 효과의 지속성 부족

- **도장법**
  > 목재를 충분히 건조시킨 다음 균열이나 이음부에 솔 등으로 페인트, 니스, 콜타르, 크레오소트, 아스팔트 등의 방부제를 도포하는 방법

- **주입법**
  > - 상압주입법 : 방부제 용액 중에 목재를 침지
  > - 가압주입법 : 압력용기 속에서 목재를 넣어 7~12기압의 고압하에 주입
  > - 목재 방부 방법 중 가장 효과적인 방법

- **수로의 사면보호, 연못바닥, 벽면 장식 등에 주로 사용되는 자연석은?**
  > 호박돌

- **가공하지 않은 천연석으로 지름이 10~20cm 정도의 계란형의 돌은?**
  > 조약돌

- **하수도시설기준에 따라 오수관거의 최소관경은 몇 mm를 표준으로 하는가?**
  > 200mm

- 굳지 않은 모르타르나 콘크리트에서 물이 분리되어 위로 올라오는 현상은?

  블리딩(bleeding)

- 토양의 물리성과 화학성을 개선하기 위한 유기질 토양 개량재는?

  피트모스

- 황금비는 짧은 변이 1일 때 긴 변은 얼마인가?

  1.618

- 다음 중 물체가 있는 것으로 가상되는 부분을 표시하는 선의 종류는?

  2점쇄선

  • 점선/파선 : 물체의 보이지 않는 부분의 모양을 나타내는 선

- 도료 중 건조가 가장 빠른 것은?

  래커

- 수량에 의해 변화하는 콘크리트 유동성의 정도, 혼화물의 묽기 정도를 나타내며 콘크리트의 변형능력을 총칭하는 것은?

  반죽질기

- 콘크리트 배합의 종류는?

  시방배합, 현장배합, 중량배합, 용적배합

- 대형건물의 외벽도색을 위한 색채계획을 할 때 사용하는 컬러샘플(color sample)은 실제의 색보다 명도나 채도를 낮추어서 사용하는 것이 좋다. 이는 색채의 어떤 현상 때문인가?

  면적효과

  • 착시 : 눈이 사물을 볼 때 보는 위치나 사물의 배치 등에 의해 실제보다 부정확하게 보는 시각의 상태
  • 동화, 대비 : 동화와 대비에 따라 크기 각도가 달라져 보이는 것으로 착시의 일종
  • 면적효과 : 우리의 눈은 색채의 면적이 커질수록 색채가 진해 보이는 것으로 착각하게 된다.

- 레미콘 규격이 25-210-12로 표시되어 있다면 ⓐ-ⓑ-ⓒ 순서대로 의미가 맞는 것은?

  ⓐ골재최대치수 ⓑ압축강도 ⓒ슬럼프
  - 골재최대치수 : 자갈의 치수, 클수록 강도가 크다.
  - 압축강도 : 단위는 MPa
  - 슬럼프 : 묽기의 정도 숫자가 클수록 묽다.

- 한국산업표준(KS)에 규정된 벽돌의 표준형 크기는?

  $190 \times 90 \times 57$mm

- 조경공간 포장용으로 주로 쓰이는 가공석은?

  판석

- 동일한 규격의 수목을 연속적으로 모아 심었거나 줄지어 심었을 때 적합한 지주 설치법은?

  연결형지주

- 조경의 구조물에는 직접기초를 사용되는데, 담장의 기초와 같이 길게 띠 모양으로 받치고 있는 기초를 가리키는 것은?

  연속기초

- 다져진 잔디밭에 공기 유통이 잘되도록 구멍을 뚫는 기계는?

  론 스파이크(lawn spike)

- 경사진 지형에서 흙이 무너지는 것을 방지하기 위하여 토양의 안식각을 유지하며 크고 작은 돌을 자연스러운 상태가 되도록 쌓아 올리는 방법은?

  자연석 무너짐쌓기

- 지역이 광대해서 하수를 한 개소로 모으기가 곤란할 때 배수지역을 수개 또는 그 이상으로 구분해서 배관하는 배수 방식은?

  방사식

- 정형식 식재방법

  단식, 대식, 열식, 교호식재, 집단식재 등

- **자연식 식재방법**

  부등변삼각형식재, 군식, 임의식재, 모아심기, 배경식재, 주목 등

- **건설재료의 할증률**

  붉은 벽돌 : 3%, 이형철근 : 3%, 원형철근 : 5%,
  조경용 수목 : 10%, 석재판붙임용재(정형돌) : 10%

- **할렬**

  목재 세포가 나무의 축방향을 따라 갈라 터지는 것으로 건조 과정 중에 발생하는 인장응력에 의해, 건조 응력이 목재의 휨 인장강도 보다 클 때 발생

- **사문암**

  감람암 등 초염기성암이 열수변성 작용을 받아 형성된 암석으로, 주요 광물은 사문석(serpentine)이다. 이 암석은 맨틀 암석에 물이 침투해 감람석이 사문석으로 변질되며 생성된다.

- **화성암 종류**

  화강암, 안산암, 현무암, 섬록암 등

- **콘크리트 크리프 증가원인**

  - 재령이 적은 콘크리트에 재하시기(하중을 가하는 것)가 빠를수록
  - 강도가 낮을수록(물W/시멘트비C 비가 클수록)
  - 대기습도가 적을수록(건조정도가 높을수록)
  - 양생(보양)이 나쁠수록
  - 재하응력이 클수록
  - 외부습도가 높을수록 작으며, 온도가 높을수록 크다.
  - 부재치수가 작을수록 크리프는 크다.
  - 조강시멘트는 보통시멘트보다 크리프가 작고, 중용열시멘트나 혼합시멘트는 크리프가 크다.

◉ 백호우 라고도 불리는 기계는?

> 토공작업시 지반면보다 낮은 면의 굴착에 사용하는 기계로 깊이 6m 정도의 굴착에 적당하며, 드랙 쇼벨=굴삭기(백호우 (back hoe)

◉ 먼셀의 색상환에서 BG는 무슨 색인가?

> 청녹색

◉ 수목의 표시를 할 때 주로 사용하는 제도 용구는?

> 템플릿

◉ 조화(Harmony)

> 모양이나 색깔 등이 비슷비슷하면서도 실은 똑같지 않은것 끼리 모여 균형을 유지하는 것

◉ 도면작업에서 원의 지름을 표시할 때 숫자 앞에 사용하는 기호는?

> L:길이, H:높이, THK:두께, A:면적, R:반지름, V:용적, D:지름, W:폭

◉ 지형 표시 중 가장 기본이 되는 등고선은?

> 주곡선

◉ 미적인 형 그 자체는 균형을 못이루지만 시각적인 힘의 통합에 의해 균형을 이룬 것처럼 느끼게 하여, 동적감각과 변화있는 개성적 감정을 불러일으키며, 세련미와 성숙미 그리고 운동감과 유연성을 주는 미적 원리는?

> 비대칭

◉ 92~96%의 철을 함유 나머지는 크롬, 규소, 망간, 유황, 인 등으로 구성, 창호, 철물, 자물쇠, 맨홀 뚜껑 등 재료는?

> 주철

◉ 반죽질기의 정도에 따라 작업이 쉽고 어려운 정도, 재료의 분리에 저항하는 정도를 나타내는 콘크리트 성질에 관련된 용어는?

> 시공성

○ 목재에 유성페인트 칠을 할 때 가장 관련이 없는 재료는?

방청제 (금속의 부식 방지를 위해 사용하는 물질)

○ 한 켜는 마구리쌓기, 다음 켜는 길이쌓기로 하고 길이 켜의 모서리와 벽 끝에 칠오토막을 사용하는 벽돌쌓기 방법은?

네덜란드식 쌓기

○ 수목 외과수술의 시공순서

부패부 제거 → 동공 가장자리 형성층 노출 → 살균,방부 처리 → 동공 충전 → 방수 처리 → 표면경화 처리 → 인공수피 처리

○ 액체상태나 용융상태 수지에 경화제를 넣어 사용하며, 내산성, 내알칼리성 등 우수하여 콘크리트, 항공기, 기계부품 등 접착에 사용되는 것은?

에폭시계 접착제

○ 무거운 돌을 놓거나, 큰 나무를 신속하게 운반과 적재 동시에 할 수 있는 장비는?

트럭크레인

○ 평안함과 안정적임을 주는 색은?

난색 계열의 고채도 색상

○ 평판측량에서 제도용지의 도상점과 땅 위의 측점을 동일하게 맞추는 것은?

구심

○ 평판측량의 3대 요소

- 정준(정치) : 평판을 수평으로 맞추는 작업
- 구심(치심) : 지상측점과 도상측점 일치시키는 작업
- 표정(정위) : 평판을 일정한 방향으로 고정하는 작업

○ **설계도의 종류**
- 평면도 : 물체를 위에서 내려다본 것을 가정하고 작도한 것
- 단면도 : 구조물을 수직으로 자른 단면을 보여주는 도면(종단면도, 횡단면도)
- 투시도 : 설계안이 완공되었을 경우를 가정하여 설계 내용을 실제 눈에 보이는 대로 입체적으로 나타낸 것

○ **조경 과정**

목표설정 → 자료분석/종합 → 기본계획 → 기본설계 → 실시설계 → 시공 및 감리 → 유지관리

○ **공사비 구성**

구분	내용
순공사비와 총공사비	• 순공사비=노무비+재료비+경비 • 총공사비=도급액+관급자재비+이전비
노무비	직접노무비=시공수량×간접노무비율(15%내외)
재료비	재료비=직접재료비+간접재료비−작업부산물
이윤	이윤=(순공사원가+일반관리비−재료비)×15%
부가가치세	부가가치세=총원가×10%
도급액	도급액=총원가+부가가치세

○ 도형색이 바탕색의 잔상으로 나타나는 심리 보색의 방향으로 변화되어 지각되는 대비효과는?

색상대비

○ 속명이 Trachelospermum, 영명이 chineses jasmine이며 한자명이 백화등 인것은?

마삭줄

○ 철재로 만든 놀이시설에 녹이 슬어 다시 페인트를 칠하려 할 때 그 작업 순서는?

녹 제거(샌드페이퍼) 등 → 연단(광명단)칠하기 → 에나멜 페인트 칠하기

○ 벽천구성요소?

벽체, 토수구, 수반

- **스프레이건을 쓰는 것이 가장 적합한 도료는?**

  래커

- **조경제도에서 단면도를 그리기 위해 평면도에 절단위치를 표시하고자 할 때 선의 종류는?**

  (KS F1501 기준) 1점쇄선

- **보색대비란?**

  보색관계에 있는 두 가지 색을 같이 놓았을 때, 서로의 영향으로 더 뚜렷하게 보이는 현상

- **경관의 우세 요소는?**

  형태, 선, 색채, 질감

  • 경관의 가변요소 : 광선, 기상조건, 계절, 시간, 기타(운동, 거리, 관찰위치, 규모 등)

- **경관의 우세요소**

  형태, 선, 색채, 질감

- **경관의 가변요소**

  광선, 기상조건, 계절, 시간, 기타(운동, 거리, 관찰위치, 규모 등)

- **석가산을 만들고자 할 때 적당한 돌은?**

  산석

- **크롬산 아연을 안료로 하고, 알키드 수지를 전색료로 한 것으로 알루미늄 녹막이 초벌칠에 적당한 도료는?**

  징크로메이트

- **시멘트 성분 중 화합물상에서 발열량이 가장 많은 성분?**

  C3A

- 주로 수량의 다소에 따라 반죽이 되고 진 정도를 나타내는 굳지 않은 콘크리트의 성질은?

  반죽질기

- 다음 목재 접착제 중 내수성 큰 순서?

  페놀수지 → 요소수지 → 아교

- 벽돌쌓기 방식 중 시공이 편리하고 쌓을 때 모서리 끝에 칠오토막을 써서 안정감을 주며 우리나라에서 대부분 사용하는 방식은?

  네덜란드식 쌓기

- 외벽을 아름답게 나타내는 데 사용하는 미장재료는?

  벽토

- 설계도의 종류 중 3차원 느낌이 가장 실제의 모습과 가깝게 나타나는 것은?

  투시도

조경관리

- 대나무를 조경 재료로 사용 시 어느 시기에 잘라서 쓰는 것이 좋은가?
  가을이나 겨울철

- 물푸레나무과로 원산지가 한국인 세계적으로 1속 1종인 둥근 부채를 닮은 수종은?
  미선나무

- 줄기가 아래로 늘어지는 생김새의 수간을 가진 나무의 모양은?
  현애

- 수목을 전정한 뒤 수분증발 및 병원균 침입을 막기 위하여 상처 부위에 칠하는 도포제로 사용할 수 있는 것은?
  톱신 페스트

- 도시공원 및 녹지 등에 관한 법규상 유치거리가 500m 이하의 근린생활권 근린공원 1개소의 유치 규모 기준은?
  10,000m^2 이상

- 어린이공원 설계기준?

  - 유치거리 250m^2 이하, 공원면적 1,500m^2 이상
  - 놀이면적은 전 면적의 60%이하(녹지면적 40% 이상)
  - 모험놀이터는 관리, 감독이 용이하게 정형적으로 설치
  - 500세대 이상 단지는 화장실과 음수전을 반드시 설치

- 화초 중 재배 특성에 따른 분류 중 알뿌리 화초에 해당하는 것은?
  크로커스

- 대추나무 빗자루병
  매개충(모무늬매미충)과 영양번식체(접수, 분주묘)를 통해 전염되는 전신성병

- 미국흰불나방의 피해가 가장 많이 발생하는 수종은?
  플라타너스

- 잔디의 상토 소독에 사용하는 약제는?
  메틸브로마이드

- 1년 내내 푸른 잎을 달고 있으며, 잎이 바늘처럼 뾰족한 나무를 가리키는 명칭은?
  상록침엽수

- 실내조경 식물의 잎이나 줄기에 백색 점무늬가 생기고 점차 퍼져서 흰 곰팡이 모양이 되는 원인은?
  흰가루병

- 페니트로티온 유제(살충), 베노밀 수화제(살균), 리포세이트암모늄 액제(제초)

- 골프장에서 우리나라 들잔디를 사용하기가 가장 어려운 지역은?
  그린

- 질소기아
  탄소:질소 비율이 30이상 높은 유기물을 넣을 때 미생물이 원래 토양 중에 있는 질소를 빼앗아 이용하므로 작물이 일시적으로 질소의 부족 증상을 일으키는 현상

- S.Gold(1980)의 레크리에이션 계획에 있어 과거의 일반 대중이 여가시간에 언제, 어디에서, 무엇을 하는가를 상세하게 파악하여 그들의 행동패턴에 맞추어 계획하는 방법은?
  형태접근방법(행동접근방법)

- A0층(유기물층)
  L.F.H층으로 구성되어 낙엽과 나뭇가지가 쌓인 층
    - A층(용탈층) : 유기물층으로 표토
    - B층(집적층) : 부식물과 광물질이 풍부하며 심토층
    - C층(모재층) : 암반으로 구성

- 소나무류의 순자르기는 어떤 목적을 위한 가지다듬기인가?
  생장 억제

- 흰색 계열의 작은 꽃은 5~6월에 피고, 가을에 붉은 계통의 단풍잎 또는 관상가치가 있으며 음지사면에 식재하면 좋은 수종은?
  국수나무(장미과 낙엽활엽관목)

- 배나무 붉은별무늬병의 겨울포자 세대의 중간기주 식물은?
  향나무

- 토양수분 중 식물이 생육에 주로 이용하는 유효수분은?
  모세관수

- 울타리는 종류나 쓰이는 목적에 따라 높이가 다른데 일반적으로 사람의 침입을 방지하기 위한 울타리의 경우 높이는 어느 정도가 가장 적당한가?
  180~200cm

- 계절적 휴면형 잡초 종자의 감응 조건으로 가장 적합한 것은?
  일장

- 뚜렷하고 곧은 원줄기가 있고, 줄기와 가지의 구별이 명확하며 줄기의 길이가 현저히 큰 나무를 가리키는 것은?
  교목

- 질감(texture)이 가장 부드럽게 느껴지는 수목은?
  회양목

- 솔잎혹파리에는 먹좀벌을 방사시키면 방제효과가 있다. 이러한 방제법에 해당하는 것은?
  생물적 방제법

- 좁은 정원에 식재된 나무가 필요 이상으로 커지지 않게 하기 위하여 녹음수를 전정하는 것은?
  생장을 억제하는 전정

- **염해지 토양의 가장 뚜렷한 특징은?**
  마그네슘, 나트륨 함량이 높다.

- **줄기의 수피가 얇아 옮겨 심은 직후 줄기 감기를 반드시 하여야 하는 수종은?**
  배롱나무

- **생울타리 수종으로 적합한 수종**
  측백나무, 쥐똥나무, 사철나무, 개나리, 무궁화, 회양목, 호랑가시나무, 명자나무 등

- **소나무 혹병 중간기주**
  졸참나무, 신갈나무 등 참나무류

- **적심(순자르기)**
  지나치게 자라는 가지의 신장을 억제하기 위해 신초의 끝부분을 따는 작업

- **참나무과 수종은 뿌리가 심근성이고 녹음수로 사용하기 때문에 적심 작업을 하지 않는다.**

- **홀맥스콘**
  물에 희석하여 수간에 뿌려주거나 뿌리에 관주 해주는 발근촉진영양제

- **개잎갈나무**
  히말라야시다·히말라야삼나무·설송(雪松)이라고도 한다. 높이 30~50m, 지름 약 3m이다. 잎갈나무와 비슷하게 생겼으나 상록성이므로 개잎갈나무라고 부른다.

- **네군도단풍**
  단풍나무과에 속하는 낙엽활엽교목으로, 소엽이 5매 내외엔 복엽이고, 생장이 빨라 공원의 속성조경에 가장 적합한 수종이다.
  - 수피에서 냄새나고 골이 약간파임,
  - 단풍나무중 복엽 가장 노란단풍이 든다
  - 어린가지색 녹색 또는 적갈색 엽흔발달
  - 녹음수 이용가지 높음

- **파이토플라즈마에 의한 수목병은?**

  대추나무 빗자루, 뽕나무 오갈병, 오동나무 빗자루병(벚나무 빗자루병은 진균 중 자낭균에 의한 수목병)

- **줄기의 수피가 얇아 옮겨 심은 직후 줄기 감기를 반드시 하여야 되는 수종**

  배롱나무, 일본목련, 느티나무

- **개잎갈나무**

  성목의 수간 질감이 가장 거칠고 줄기는 아래로 처지며, 수피가 회갈색으로 갈라지는 나무

- **주목**

  형상수로 많이 이용 가을 열매 붉음, 내음성 강하고 비옥지에서 잘 자람, 관상용 형상수로 주로 이용, 열매는 핵과

- **솔잎혹파리**

  - 1년 1회 발생,
  - 유충으로 땅속 월동
  - 우리나라에 1929년 처음 발견
  - 솔잎 기부에 들어가 흡즙 피해

- **노박덩굴과 식물중 상록 계열 해당하는 나무는?**

  사철나무

- **체계적인 품질관리 추진을 위한 데밍의 관리 순서**

  계획 → 추진 → 검토 → 조치

- **주로 종자에 의하여 번식되는 잡초는?**

  피

- **공사원가에 의한 공사비 구성 중 안전관리비가 해당되는 것은?**
  경비

- **조경 분야 프로젝트 수행단계?**
  계획-설계-시공-관리

- **조경의 기본계획에서 일반적으로 토지이용 분류, 적지분석, 종합배분의 순서로 이루어지는 계획은?**
  토지이용계획

- **위락 관광시설 분야 조경은?**
  골프장, 경마장, 스키장, 야영장

- **도시공원 설치 및 규모의 기준 중 어린이공원 최소 규모는?**
  $1,500m^2$

- **올해에 자란 1년생 신초지에서 꽃눈이 분화하여 그해에 개화하는 화목류?**
  무궁화

- **붉은색(홍색) 단풍이 드는 수목?**
  감나무, 화살나무, 붉나무

- **열매 관상하기 위해 식재하는 수목**
  모과나무, 피라칸타, 낙상홍, 석류나무, 팥배나무, 탱자나무, 살구나무, 자두나무, 산수유, 대추나무, 오미자, 감나무, 생강나무, 감탕나무, 사철나무, 화살나무, 포도나무 등

- **농약 방제 대상별 포장지 색깔과 구분**

  살균제 : 분홍색 　　　　　　　　살충제 : 초록
  살균살충제 : 위쪽 분홍 아래 초록　제초제 : 노란색
  비선택성 제초제 : 빨강　　　　　　생장조절제 : 파랑

- **매미목 해충은?**
  진딧물, 벼멸구

- **잠복소 설치 목적은?**
  월동 벌레를 유인하여 봄에 태우기 위해

- **여러해살이 화초는?**
  베고니아 (수선화, 덩굴장미, 튤립, 초롱꽃, 제라늄, 히아신스, 국화, 도라지꽃 등)

- **병명**
  잎마름병
  - 피해수종 : 소나무, 곰솔, 잣나무, 주목 등
  - 주요 병징 : 봄철에 침엽 윗부분에 띠 모양의 황색 반점이 형성된 후 갈색으로 변하면서 반점이 합쳐짐

- **병명**
  털녹병
  - 피해수종 : 잣나무
  - 주요병징 : 4월 중하순경 줄기에 흰색 또는 황백색의 주머니가 형성, 6월하순 이후에는 나무껍질이 파열

- **병명**
  흰가루병
  - 피해수종 : 밤나무, 참나무류, 느티나무, 물푸레나무, 감나무, 장미, 배롱나무 등
  - 주요병징 : 잎과 새 가지에 흰 가루가 생겨 위축됨. 참나무류는 가을에 검은색 미립점이 형성

- **병명**
  잎녹병
  - 피해수종 : 잣나무, 소나무, 전나무 등
  - 주요병징 : 4월 상순부터 1개월 동안 침엽에 황색 또는 황백색 주머니가 나란히 형성

◎ 병명

그을음병
- 피해수종 : 소나무류, 주목, 감귤, 배롱나무, 감나무 등
- 주요병징 : 깍지벌레, 진딧물 등의 배설물에서 발생함, 생육이 불량한 나무의 잎, 가지, 줄기에 그을음이 퍼짐

◎ 병명

부란병
- 피해수종 : 사과나무, 아그배나무 등
- 주요병징 : 나무껍질이 갈색으로 부풀어 오름, 쉽게 벗겨짐, 알콜 냄새가 남

◎ 병명

줄기마름병
- 피해수종 : 밤나무, 포플러류, 자작나무, 벚나무, 은행나무 등
- 주요병징 : 나무껍질이 파열, 환부 표면에 균체 형성, 밤나무는 나무껍질 밑에 부채꼴 균사체가 형성됨

◎ 병명

탄저병
- 피해수종 : 오동나무, 호두나무, 물푸레나무, 감나무, 대추나무
- 주요병징 : 5~6월경 잎맥, 잎자루, 어린 줄기에 담갈색 또는 회갈색의 둥근 점무늬가 형성, 성숙과의 표면에 검은 반점이 나타나고 움푹 들어감

◎ 병명

빗자루병
- 피해수종 : 전나무, 오동나무, 대추나무, 벚나무, 대나무, 살구나무 등
- 주요병징 : 균이 잎과 줄기에 침입하여 피해를 줌, 연약한 가는 가지와 잎이 총생하고, 잎이 담황록색으로 변색, 대나무는 마디수가 많고 바늘 모양의 소엽이 착생됨. 일부 잔가지가 많이 생겨 빗자루모양으로 변함 7~9월에 파라티온 수화제, 메타 유제 1,000배액을 2주 간격으로 살포

🔵 병명

갈색무늬병
- 피해수종 : 포플러류, 오리나무, 사과나무, 느티나무, 자작나무, 밤나무, 대나무 등
- 주요병징 : 7월 상순부터 늦가을 잎에 갈색 무늬가 생기고, 병든 잎은 8월 중순에 일찍 떨어짐, 지면에서 가까운 잎에 발생함

🔵 병명

자줏빛날개무늬병
- 피해수종 : 호두나무, 은행나무 등
- 주요병징 : 뿌리에 자갈색 균사가 망상으로 형성, 표피와 줄기 사이가 부패함

🔵 병명

검은점무늬병
- 피해수종 : 살구나무, 벚나무 등
- 주요병징 : 잎과 열매에 검은 점무늬가 생김, 열매의 감염부위는 함몰되고 푸른색으로 착색

🔵 병명

세균성 구멍병
- 피해수종 : 벚나무, 살구나무, 자두나무 등
- 주요병징 : 5~6월경 발생하여 8~9월에 피해가 가장 극심, 잎에 원형의 갈색 점무늬가 형성된 후 환부가 탈락하여 구멍이 형성

🔵 병명

뿌리썩음병
- 피해수종 : 소나무류, 삼나무, 일본잎갈나무(낙엽송), 전나무, 밤나무, 오동나무 등
- 주요병징 : 뿌리 및 줄기에 발생, 나무껍질 속에 흰색 균사가 형성, 가을에는 환부에 버섯이 형성

제2편

조경기능사
CBT 복원 문제

2021년 제1회~ 제3회 CBT 복원문제
2022년 제1회~ 제3회 CBT 복원문제
2023년 제1회~ 제3회 CBT 복원문제
2024년 제1회~ 제3회 CBT 복원문제
2025년 제1회~ 제2회 CBT 복원문제

조경기능사 CBT 복원 문제

02

2021년 제1회 CBT 복원문제

01 다음 중 별서의 개념과 가장 거리가 먼 것은?

① 별장의 성격을 갖기 위한 것
② 효도하기 위한 것
③ 은둔생활을 하기 위한 것
④ 수목을 가꾸기 위한 것

> **해설** 별서는 저택에서 떨어진 인접한 경승지나 전원지에 은둔과 은일, 또는 순수하게 자연을 즐기기 위해 조성한 별장형(別莊型) 별서의 개념이며, 조상의 묘소를 관리하기 위해 조성한 효문화 중심의 별업형(別業型) 별서도 있다.

02 정형식 배식 방법에 대한 설명이 옳지 않은 것은?

① 교호식재 – 서로 마주 보게 배치하는 식재
② 대식 – 시선축의 좌우에 같은 형태, 같은 종류의 나무를 대칭 식재
③ 열식 – 같은 형태와 종류의 나무를 일정한 간격으로 직선상에 식재
④ 단식 – 생김새가 우수하고, 중량감을 갖춘 정형수를 단독으로 식재

> **해설** 교호식재 : 열식의 변형으로 두 줄의 식물을 같은 간격으로 어긋나게 식재하여 식재열의 폭을 늘리는 방법이다. 이 방법은 주로 식재 면적을 효율적으로 활용하고, 식물의 간격을 일정하게 유지하며, 시각적인 리듬감을 주기 위해 사용된다.

03 조경계획 및 설계에 있어서 몇 가지의 대안을 만들어 각 대안의 장·단점을 비교한 후에 최종안으로 결정하는 단계는?

① 기본구상
② 기본계획
③ 기본설계
④ 실시설계

> **해설** 기본구상 단계에서는 수집된 자료를 분석하여 기본구상 및 공간 개념을 비교하여 하나의 최종안이 선택되고 선택된 최종안은 기본 계획도(Maser Plan)로 발전하게 된다.

정답 01 ④ 02 ① 03 ①

04 다음 중 스페인의 파티오(patio)에서 가장 중요한 구성요소는?

① 원색의 꽃　　② 물
③ 색채 타일　　④ 짙은 녹음

> **해설** 파티오(patio)는 'ㅁ'자로 만들어진 건물 가운데 꾸며진 정원을 의미하며, 건물 사이에 위치한 정원이라는 의미에서 한글로는 '중정(中庭)'으로 불리기도 한다. 중정식 정원에서 가장 귀하게 여긴 소재는 물 > 대리석 > 다채로운 색채 순이다.

05 보르 뷔 콩트(Vaux-le-Vicomte) 정원과 가장 관련 있는 양식은?

① 노단식　　② 절충식
③ 평면 기하학식　　④ 자연풍경식

> **해설** 보르 뷔 콩트(Vaux-le-Vicomte)는 루이 14세 당시 재무장관이었던 니콜라스 푸게가 소유한 프랑스 최초의 평면 기하학식 정원으로 화단과 수면 등 평면적 요소와 산림의 수직적 요소가 적용된 것을 알 수 있다.

06 이탈리아의 노단건축식 정원, 프랑스의 평면 기하학식 정원 등은 자연환경 요인 중 어떤 요인의 영향을 가장 크게 받아 발생한 것인가?

① 기후　　② 지형
③ 식물　　④ 토지

> **해설** 이탈리아는 구릉과 경사지가 많은 지형적 제약을 극복하기 위해 계단형의 노단건축식 정원양식이 발생하였고, 카레기의 메디치장(Villa Medici di Careggi), 에스테장(villa d'Este), 랑테장(villa Lante) 등이 그 대표적인 예이다.

07 중국 청나라시대 대표적인 정원이 아닌 것은?

① 원명원 이궁　　② 이화원 이궁
③ 졸정원　　④ 승덕피서산장

> **해설** 중국 4대 정원 중 하나인 졸정원은 소주 동북쪽에 위치해 있고, 명나라의 정덕 4년(1509년)에 지어졌다.
> ※ 소주 4대 명원 : 졸정원, 유원, 창랑정, 사자림

정답 04 ②　05 ③　06 ②　07 ③

08 정원요소로 징검돌, 물통, 세수통, 석등 등의 배치를 중시하던 일본의 정원 양식은?

① 다정원　　② 침전조정원　　③ 축산고산수정원　　④ 평정고산수정원

> **해설** 다정원
> - 다실과 다실에 이르는 길을 중심으로 좁은 공간에 꾸며지는 일종의 자연식 정원으로 대자연의 운치를 연상시킨다.
> - 뜀돌이나 포석수법을 구사하여 풍우에 씻긴 산길을 나타내고, 수통이나 돌로 만든 물그릇으로 샘을 상징 하였다.
> - 오래된 석탑이나 석등을 놓아 수림 속에 쇠퇴 해버린 고찰의 분위기를 재현시켰다.
> - 마른 소나무잎을 깔아 지피를 나타내는 등 제한된 공간 속에 깊은 산골의 정서를 표현하였다.
> - 소나무나 삼나무 등을 심고, 담쟁이덩굴을 올려 가을 단풍이나 낙엽으로 산거(山居)의 분위기를 나타냈다.

09 창경궁에 있는 통명전 지당의 설명으로 틀린 것은?

① 장방형으로 장대석으로 쌓은 석지이다.
② 무지개형 곡선 형태의 석교가 있다.
③ 괴석 2개와 앙련(仰蓮) 받침대석이 있다.
④ 물은 직선의 석구를 통해 지당에 유입된다.

> **해설** 통명전은 왕과 왕비가 생활하던 침전건물로 옆 석연지는 뜰의 샘에서 넘치는 물을 받기위한 곳으로 장방형의 연지로서 사면을 장대석으로 쌓아 올리고 돌난간을 돌렸으며 지당을 가로지르는 교각이 무지개형 곡선의 석교가 세워져 있다. 물의 유입은 직선의 석구를 통해 유입된다.
> ※ 앙련(仰蓮) : 단청에서, 연꽃이 위로 향한 것처럼 그린 모양. 또는 그런 무늬

10 위험을 알리는 표시에 가장 적합한 배색은?

① 흰색-노랑　　② 노랑-검정　　③ 빨강-파랑　　④ 파랑-검정

11 도시공원 및 녹지 등에 관한 법률 시행규칙에 의한 도시공원의 구분에 해당되지 않는 것은?

① 역사공원　　② 체육공원　　③ 도시농업공원　　④ 국립공원

> **해설**
> - 도시공원 : 소공원, 어린이공원, 근린공원, 주제공원(체육공원, 역사공원, 조각공원, 문화공원, 교통공원 등 주제를 갖고 있는 공원)
> - 자연공원 : 국립공원, 도립공원, 군립공원

　정답　08 ①　09 ③　10 ②　11 ④

12 중세 클로이스터 가든에 나타나는 사분원(四分園)의 기원이 된 회교 정원 양식은?

① 차하르 바그　② 페리스타일 가든　③ 아라베스크　④ 행잉 가든

해설　이스파한(Isfahan) – 차하르 바그
- 일련의 소정원을 연속적으로 이어가면서 도시 자체를 하나의 거대한 정원으로 조성
- 중부 이란 사막 지대에 위치, 오아시스 도시
- 압바스 1세에 의해 계획. 차하르 바그를 척추로 전개
- ※ 사분원(四分園) : 천국을 상징하는 4강을 의미

13 경주 월지(안압지, 雁鴨池)에 있는 섬의 모양으로 가장 적당한 것은?

① 육각형　② 사각형　③ 한반도형　④ 거북이형

해설　안압지의 물길이 시작되는 입수구는 물을 끌어들이는 장치인데, 북동쪽에 있는 하천에서 물을 끌어와 이 장치를 거쳐 안압지로 들어간다. 마치 거북이를 음각한 것 같은 두 개의 수조가 아래위로 위치해 있는데, 이는 물에 섞여있는 자갈이나 모래를 걸러내기 위함이다. 입수구 근처의 거북이형 인공섬은 입수구를 통해 들어온 물의 흐름을 느리게 만들어서 연못의 침식을 막아 주고, 물이 자연스럽게 순환하게 하는 역할을 한다.

14 우리나라에서 최초의 유럽식 정원이 도입된 곳은?

① 장충단 공원
② 파고다 공원
③ 덕수궁 석조전 앞 정원
④ 구 중앙정부청사 주위 정원

해설　덕수궁 석조전 정원
- 1909년에 지어진 우리나라 최초의 이오니아식 석조전인 양식 건물이다.
- 정관헌 : 지붕과 난간은 한국적이고 기둥과 내부구조는 서양적이다.
- 침상원 : 석조전 앞의 좌우 대칭적인 기하학식 정원으로 우리나라 최초의 유럽식 정원이다.

15 파란색 조명에 빨간색 조명과 초록색 조명을 동시에 켰더니 하얀색으로 보였다. 이처럼 빛에 의한 색채의 혼합 원리는?

① 가법혼색　② 병치혼색　③ 감법혼색　④ 회전혼색

해설
- 가법혼색 : 색광의 혼합을 말하며, 혼합하는 성분이 증가 할수록 밝아진다. 모두 혼색하면 백색광이 되고, 빛을 혼합하여 모든 색을 만들 수 있다.
- 감법촌색 : 물체색(그림물감이나 염료)의 혼합이며, 혼합하면 색이 탁해져서 원래의 색보다 어두워지는 것으로 모두 혼합하면 암회색이 된다.
- 회전혼합 : 회전에 의해 두 색이 혼색된 것처럼 보이는 혼합
- 병치혼합 : 모자이크처럼 색을 배치시키면 혼색된 것처럼 보인다.

 정답　12 ①　13 ④　14 ③　15 ①

16 이집트 하(下)대의 상징 식물로 여겨졌으며, 연못에 식재되었고, 식물의 꽃은 즐거움과 승리를 의미하여 신과 사자에게 바쳐졌었다. 이집트 건축의 주두(柱頭) 장식에도 사용되었던 이 식물은?

① 자스민 ② 파피루스 ③ 무화과 ④ 아네모네

해설 고대이집트
- 정원수목은 과실, 목재, 녹음을 제공하는 무화과, 아카시아, 포도, 석류. 대추야자 등이 사용
- 특히 시커모어를 신성시하여 죽은 자를 이 나무아래 그늘에서 쉬게하는 풍습
- 제지 원료인 파피루스는 下이집트의 상징식물, 연꽃은 上이집트의 상징식물

17 벽돌로 만들어진 건축물에 태양광선이 비추어지는 부분과 그늘진 부분에서 나타나는 배색은?

① 톤인톤(tone in tone) 배색 ② 톤온톤(tone on tone) 배색
③ 까마이외(camaieu) 배색 ④ 트리콜로르(tricolore) 배색

해설
- 톤온톤 : '톤을 겹친다'라는 의미로, 동일 색상 내에서 톤의 차이를 두어 배색하는 방법
- 톤인톤 : 동일 색상이나 인접 또는 유사 색상 내에서 톤의 조합에 따른 배색 방법

18 다음 중 교통 표지판의 색상을 결정할 때 가장 중요하게 고려하여야 할 것은?

① 명시성 ② 심미성 ③ 경제성 ④ 양질성

해설 표지판은 가시성이 좋은 색을 조합하여 식별성을 높이는 것이 가장 중요하다.

19 다음 지피식물의 기능과 효과에 관한 설명 중 옳지 않은 것은?

① 토양유실의 방지 ② 녹음 및 그늘 제공
③ 운동 및 휴식공간 제공 ④ 경관의 분위기를 자연스럽게 유도

해설 지피식물은 땅을 피복하는 식물로써 대표적으로 잔디가 있다. 지피식물은 땅을 밀생하게 피복해야 하며 키가 작게 자라는 다년생 식물이 적합하다.

정답 16 ② 17 ② 18 ① 19 ②

20 형태는 직선 또는 규칙적인 곡선에 의해 구성되고 축을 형성하며 연못이나 화단 등의 각 부분에도 대칭형이 되는 조경 양식은?

① 자연식　　② 풍경식　　③ 정형식　　④ 절충식

구분	특징
정형식정원 (整形式庭園)	• 서아시아, 유럽지역에서 발달 • 축을 중심으로 좌우 대칭형으로 구성 • 직선, 원, 원호 등을 사용한 형식 • 기하학식 정원이라고도 함
자연식정원 (自然式庭園)	• 동아시아, 유럽의 18세기 영국 • 연못, 호수 중심으로 정원조성 • 주변을 돌면서(회유) 경관을 즐김

21 다음 중 정원에 사용되었던 하하(Ha-ha) 기법을 가장 잘 설명한 것은?

① 정원과 외부 사이 수로를 파 경계하는 기법
② 정원과 외부 사이 언덕으로 경계하는 기법
③ 정원과 외부 사이 교복으로 경계하는 기법
④ 정원과 외부 사이 산울타리를 설치하여 경계하는 기법

해설　중세 프랑스의 군사용 호(濠)로써, 정원에 물리적 경계없이 정원을 바라볼 수 있게 정원 부지의 경계선에 깊은 도랑을 팜으로써 일명 가축을 보호하고 목장이나 산림, 경지 등을 정원 풍경 속에 끌어들이자는 의도에서 나온 것

22 다음 고서에서 조경식물에 대한 기록이 다루어지지 않은 것은?

① 고려사　　② 악학궤범　　③ 양화소록　　④ 동국이상국집

해설　1493년(성종 24 예조판서 성현과 유자광이 조선시대의 의궤와 악보를 정리하여 편찬한 악서

23 조선시대 궁궐이나 상류주택 정원에서 가장 독특하게 발달한 공간은?

① 전정　　② 후정　　③ 주정　　④ 중정

해설　조선시대 후원의 특징
• 우리나라의 독특한 정원 양식이며, 경사지에 계단식으로 조성된 화계이다. 화계는 괴석이나 세심석 또는 장식을 겸한 굴뚝을 세워 장식하였고 경복궁의 교태전 후원, 창덕궁의 낙선재 후원 등이 대표적이다.

정답　20 ③　21 ①　22 ②　23 ③

24 영국 튜터왕조에서 유행했던 화단으로 낮게 깎은 회양목 등으로 화단을 여러 가지 기하학적 문양으로 구획 짓는 것은?

① 경재화단
② 기식화단
③ 카펫화단
④ 매듭화단

해설
- 기식화단 : 중앙에는 키 큰 초화를 심고 주변부로 갈수록 키 작은 초화를 심어 사방에서 관찰할 수 있게 만든 화단
- 화문화단 : 양탄자화단(카펫화단), 자수화단, 모전화단
- 경재화단 : 전면 한쪽에서만 관상(앞쪽은 키 작은 것, 뒤쪽은 키 큰 것) 도로, 산울타리, 담장 배경으로 폭이 좁고 길게 만든 것

25 부귀나 영화를 등지고 자연과 벗하며 농사를 경영하고 살기 위해 세운 주거를 별서(別墅) 정원이라 한다. 우리나라에 현존하는 대표적인 것은?

① 윤선도의 부용동 원림
② 강릉의 선교장
③ 이덕유의 평천산장
④ 구례의 운조루

해설
① 보길도 부용동 정원은 논에 물을 대듯 개울물을 막아 세연지(洗然池)라는 연못을 만들고, 그 연못 가운데에 섬을 또 만들어 지은 정원이다.
② 조선시대 사대부의 살림집
③ 당나라의 민간 정원
④ 조선 중기의 양반 가옥

26 목재의 역학적 성질에 대한 설명으로 틀린 것은?

① 옹이로 인하여 인장강도는 감소한다.
② 비중이 증가하면 탄성은 감소한다.
③ 섬유포화점 이하에서는 함수율이 감소하면 강도가 증대된다.
④ 일반적으로 응력의 방향이 섬유방향에 평행한 경우 강도(전단강도 제외)가 최대가 된다.

해설 비중이 증가하면 강도, 탄성은 증가한다.

 정답 24 ④　25 ①　26 ②

27 재료가 외력을 받았을 때 작은 변형만 나타내도 파괴되는 현상을 무엇이라 하는가?

① 취성　　　② 인성　　　③ 강성　　　④ 전성

> 해설
> - 탄성 : 변형된 물체가 변형을 일으킨 힘이 제거되면 원래의 모양으로 되돌아가려는 성질(고무)
> - 연성 : 탄성한도를 초과한 힘을 받고도 파괴되지 않고 늘어나는 성질
> - 전성 : 금속재료를 얇은 판이나 박으로 만들 수 있는 성질
> - 인성 : 굽힘이나 비틀림 등의 외력에 저항하는 성질, 높은 응력에 잘 견디면서 큰 변형을 나타내는 성질(보석)
> - 취성 : 물체가 탄력을 갖지 않고 파괴되는 성질(유리)
> - 강성 : 구조물 또는 그것을 구성하는 부재는 하중을 받으면 변형하는데 이 변형에 대한 저항의 정도, 즉 변형의 정도를 말한다.

28 아스팔트의 물리적 성질과 관련된 설명으로 옳지 않은 것은?

① 아스팔트의 연성을 나타내는 수치를 신도라 한다.
② 침입도는 아스팔트의 콘시스턴시를 임의 관입저항으로 평가하는 방법이다.
③ 아스팔트에는 명확한 융점이 있으며, 온도가 상승하는데 따라 연화하여 액상이 된다.
④ 아스팔트는 온도에 따른 콘시스턴시의 변화가 매우 크며, 이 변화의 정도를 감온성이라 한다.

> 해설　아스팔트는 융점이 명확하지 않으며(종류에 따라 낮고 높음) 100g 하중을 가한 바늘이 5초간 들어간 깊이를 침입도라 한다.

29 무너짐 쌓기를 한 후 돌과 돌 사이에 식재하는 식물 재료로 가장 적합한 것은?

① 장미　　　② 회양목　　　③ 화살나무　　　④ 꽝꽝나무

> 해설　돌틈식재 : 돌과 돌 사이의 빈 공간에 비옥한 흙을 채워 회양목이나 철쭉 등의 관목류와 초화류를 식재한다.

30 암석을 구성하고 있는 조암 광물질의 집합 상태에 따라 생기는 눈 모양을 무엇이라 하는가?

① 절리　　　② 층리　　　③ 석목　　　④ 석리

> 해설　광물 입자들이 모여서 이루는 작은 규모의 조직으로서 암석을 분류하고 성인(成因)을 추정할 때에 중요한 단서가 된다.
> - 절리 : 암석에 외력이 가해져 갈라진 금이나 틈
> - 층리 : 퇴적암에서 볼 수 있는 암석의 층상 배열 상태
> - 석목 : 석재의 층에서 볼 수 있는 절리 등으로 인해 결정의 병행 상태에 따라 절단이 용이한 방향성을 말한다.

정답　27 ①　28 ③　29 ②　30 ④

31 진비중이 2.6이고, 가비중이 1.2인 토양의 공극율은 약 얼마인가?

① 34.2%   ② 46.5%   ③ 53.8%   ④ 66.4%

해설 공극율=(1−가비중/진비중)*100=(1−1.2/2.6)*100=53.85%

32 다음 조경식물 중 생장 속도가 가장 느린 것은?

① 눈주목   ② 배롱나무   ③ 쉬나무   ④ 층층나무

해설 내음성수종(생장 속도가 느림) : 비자나무, 굴거리나무, 음나무, 식나무, 당단풍, 독일가문비, 서양측백, 주목, 눈주목, 녹나무, 후박나무, 사철나무, 호랑가시나무, 금목서, 회양목, 전나무 등

33 다음 중 목재에 유성페인트 칠을 할 때 가장 관련이 없는 재료는?

① 건성유   ② 건조제   ③ 방청제   ④ 희석제

해설 페인트
- 유성페인트 : 안료, 건성유, 희석제, 건조제 등을 혼합한 것이다.
- 수성페인트 : 안료를 아교, 알비아 고무, 전분과 함께 물에 개어 묽게 한 것이다.

34 흰말채나무의 특징 설명으로 틀린 것은?

① 노란색의 열매가 특징적이다.
② 층층나무과로 낙엽활엽관목이다
③ 수피가 여름에는 녹색이나 가을, 겨울철의 붉은 줄기가 아름답다.
④ 잎은 대생하며 타원형 또는 난상타원형이고, 표면에 작은 털이 있으며 뒷면은 흰색의 특징을 갖는다.

해설 흰말채나무의 열매는 흰색이다.

35 수목식재에 가장 적합한 토양의 구성비는? (단, 구성은 토양 : 수분 : 공기의 순서임)

① 50% : 25% : 25%   ② 50% : 10% : 40%
③ 40% : 40% : 20%   ④ 30% : 40% : 30%

해설 사질양토는 토심이 깊고 배수와 보수력이 좋아 재배에 적합한 토양으로, 구성비는 토양 50%, 수분 25%, 공기 25%이다.

정답 31 ③   32 ①   33 ③   34 ①   35 ①

36 노목의 세력 회복을 위한 뿌리 자르기의 시기와 방법에서 뿌리 자르기의 가장 좋은 시기는 (㉠)이며, 뿌리 자르기 방법은 나무의 근원 지름의 (㉡)배 되는 길이로 원을 그려 그 위치에서 (㉢)의 깊이로 파내려 가며, 뿌리 자르는 각도는 (㉣)가 적합하다. ( )에 들어갈 가장 적합한 것은?

① ㉠ 월동 전 ㉡ 5~6 ㉢ 45~50cm ㉣ 위에서 30°
② ㉠ 땅이 풀린 직후부터 4월 상순 ㉡ 1~2 ㉢ 10~20cm ㉣ 위에서 45°
③ ㉠ 월동 전 ㉡ 1~2 ㉢ 10~20cm ㉣ 직각 또는 아래쪽으로 30°
④ ㉠ 땅이 풀린 직후부터 4월 상순 ㉡ 5~6 ㉢ 45~50cm ㉣ 직각 또는 아래쪽으로 45°

37 우리나라에서 발생하는 주요 소나무류에 잎녹병을 발생시키는 병원균의 기주식물로 맞지 않는 것은?

① 소나무　　② 송이풀　　③ 해송　　④ 스트로브잣나무

해설　기주식물(寄主植物) : 기생식물의 숙주가 되는 식물.
　　• 잣나무 털녹병의 기주식물 : 송이풀, 까치밥나무
　　• 소나무 잎녹병의 기주식물 : 소나무, 황벽나무, 잣나무, 스트로브잣나무, 해송

38 다음 설계도면의 종류에 대한 설명으로 옳지 않은 것은?

① 입면도는 구조물의 외형을 보여 주는 것이다.
② 평면도는 물체를 위에서 수직방향으로 내려다 본 것을 그린 것이다.
③ 단면도는 구조물의 내부나 내부공간의 구성을 보여 주기 위한 것이다.
④ 조감도는 관찰자의 눈높이에서 본 것을 가정하여 그린 것이다.

해설　조감도 : 높은 곳에서 지상을 내려다본 것처럼 지표를 공중에서 비스듬히 내려다보았을 때의 모양을 그린 그림

39 평판을 정치(세우기)하는 데 오차에 가장 큰 영향을 주는 항목은?

① 수평맞추기(정준)　　　　② 중심맞추기(구심)
③ 방향맞추기(표정)　　　　④ 모두 같다.

해설　표정 : 도면의 측선과 지상의 측선 방향을 같게 하는 것

 정답　36 ④　37 ②　38 ④　39 ③

40 옥상녹화용 방수층 및 방근층 시공시 '바탕체의 거동에 의한 방수층의 파손' 요인에 대한 해결 방법으로 부적합한 것은?

① 거동 흡수 절연층의 구성
② 방수층 위에 플라스틱계 배수판 설치
③ 합성고분자계, 금속계 또는 복합계 재료 사용
④ 콘크리트 등 바탕체가 온도 및 진동에 의한 거동 시 방수층 파손이 없을것

해설 방수층 위에 플라스틱계 배수판을 설치하는 것은 체류수의 원활한 흐름을 유도하기 위함이다.

41 지표면의 높은 곳의 꼭대기 점을 연결한 선으로, 빗물이 이것을 경계로 좌우로 흐르게 되는 선을 무엇이라 하는가?

① 능선   ② 계곡선   ③ 경사변환점   ④ 방향변환점

해설
• 계곡선 : 지표면이 낮거나 움푹 패인 점을 연결한 선이다.
• 경사변환점 : 하곡 종단면이나 산지 사면의 경사가 급히 변하는 지점

42 다음 설명에서 열경화수지는?

• 강도가 우수하며 베이클라이트를 만든다.
• 내산성, 전기 절연성, 내약품성, 내수성이 좋다.
• 내알칼리성이 약한 결점이 있다.
• 내수합판, 접착제 용도로 사용된다.

① 요소계수지   ② 메타아크릴수지
③ 염화비닐계수지   ④ 페놀계수지

해설 열경화성 수지는 축합반응을 하여 고분자로 된 것이며 한번 굳어지면 열을 가해도 소성되지 않는 수지로 에폭시, 페놀, 요소, 멜라민, 아미노수지, 폴리에스테르 등이 있다. 그 중 베이클라이트(절연재)로 사용되는 것은 페놀이다.

43 목재의 방부재(preservate)는 유성, 수용성, 유용성으로 크게 나눌 수 있다. 유용성으로 방부력이 대단히 우수하고 열이나 약제에도 안정적이며 거의 무색제품으로 사용되는 약제는?

① PCP   ② 염화아연   ③ 황산구리   ④ 크레오소트

해설 PCP(펜타클로로페놀, pentachlorophenol)는 유기 염소계의 실충력이 강한 살충제 성분이다. 크레오소트는 냄새가 고약해서 철도 침목 등에 사용되는 유용성 방부제이다.

정답 40 ② 41 ① 42 ④ 43 ①

44 체계적인 품질관리를 추진하기 위한 데밍(Deming's Cycle)의 관리로 가장 적합한 것은?

① 계획(Plan) – 추진(Do) – 조치(Action) – 검토(Check)
② 계획(Plan) – 검토(Check) – 추진(Do) – 조치(Action)
③ 계획(Plan) – 조치(Action) – 검토(Check) – 추진(Do)
④ 계획(Plan) – 추진(Do) – 검토(Check) – 조치(Action)

> **해설** 데밍이 주장한 관리사이클 PDCA는 Plan – Do – Check – Action의 머리글자를 딴 것으로, 계획-추진-검토-조치가 반복적으로 이루어지는 순환 과정을 논리적으로 연결한 모델이다.

45 다음 중 무거운 돌을 놓거나, 큰 나무를 옮길 때 신속하게 운반과 적재를 동시에 할 수 있어 편리한 장비는?

① 체인블록   ② 모터그레이더   ③ 트럭크레인   ④ 콤바인

> **해설**
> • 체인블록 : 무거운 물건을 들어 올리는 데 쓰이는 도르래형 장비
> • 모터그레이더 : 주로 넓은 면적의 땅을 고르는 정지 작업 등에 사용되는 토공기계
> • 콤바인 : 농경지를 주행하면서 수확물의 탈곡과 선별을 동시에 수행하는 수확기계

46 수목 외과 수술의 시공 순서로 옳은 것은?

```
㉠ 동공 가장자리의 형성층 노출     ㉡ 부패부 제거
㉢ 표면 경화처리                  ㉣ 동공 충진
㉤ 방수처리                       ㉥ 인공수피 처리
㉦ 소독 및 방부처리
```

① ㉠-㉥-㉡-㉢-㉣-㉤-㉦
② ㉡-㉦-㉠-㉥-㉤-㉢-㉣
③ ㉠-㉡-㉢-㉣-㉤-㉥-㉦
④ ㉡-㉠-㉦-㉣-㉤-㉢-㉥

> **해설** 부패부제거 → 형성층노출 → 살균·살충처리 → 방부·방수처리 → 동공충진 → 매트처리 → 인공나무껍질처리 → 수지처리

47 콘크리트 혼화제 중 내구성 및 워커빌리티(workability)를 향상시키는 것은?

① 감수제   ② 경화촉진제   ③ 지연제   ④ 방수제

> **해설** 표면활성제인 감수제는 시멘트 입자를 분산시켜 워커빌리티를 좋게하고 수화작용을 촉진하여 강도를 증진시킨다.

 정답 44 ④   45 ③   46 ④   47 ①

48 다음 중 방제 대상별 농약 포장지 색깔이 옳은 것은?

① 살충제 – 노란색   ② 살균제 – 초록색
③ 생장 조절제 – 파랑색   ④ 제초제 – 분홍색

> **해설** 농약의 포장지 색깔
> - 살충제 : 초록색
> - 살균제 : 분홍색
> - 생장조절제 : 파랑색
> - 살비제 : 초록색
> - 제초제 : 선택성-노랑색, 비선택성-빨강색
> - 보조제 : 흰색

49 다음 중 비료의 3요소에 해당하지 않는 것은?

① N   ② Mg   ③ K   ④ P

> **해설** 비료의 3요소 : 질소(N), 인(P), 칼륨(K)

50 조경식재 설계도를 작성할 때 수목명, 규격, 본수 등을 기입하기 위한 인출선 사용의 유의사항으로 옳지 않은 것은?

① 가는 선으로 명료하게 긋는다.
② 인출선의 수평부분은 기입 사항의 길이와 맞춘다.
③ 인출선간의 교차나 치수선의 교차를 피한다.
④ 인출선의 방향과 기울기는 자유롭게 표기하는 것이 좋다.

> **해설** 인출선의 표시방법
> - 가는 실선을 사용하여 표시한다.
> - 한 도면 내에서 사용하는 모든 인출선의 굵기와 질은 동일하게 유지한다.
> - 긋는 방향과 기울기를 통일한다.

51 A2 도면의 크기 치수로 옳은 것은?(단, 단위는 mm이다)

① 841 * 1,189   ② 549 * 841   ③ 420 * 594   ④ 210 * 297

> **해설** 도면의 치수
> - A0 : 841 * 1,189
> - A1 : 594 * 841
> - A2 : 420 * 594
> - A3 : 297 * 420
> - A4 : 210 * 297

정답 48 ③   49 ②   50 ④   51 ③

52 전년도의 가지에도 꽃이 피는 라일락의 아름다운 개화 상태를 감상하기 위한 가장 적절한 전정 시기는?

① 봄철 꽃이 진 바로 직후
② 지엽이 무성한 여름철
③ 낙엽이 진 직후의 가을철
④ 겨울철 휴면기

> **해설** 다음 해에 개화하는 봄꽃나무는 개화 후 자라는 가지에서 6월에서 8월 사이에 화아분화가 이루어지므로 꽃이 진 직후에 전정한다.

53 활엽수의 경우 질소 부족현상과 유사한 현상이 나타나며 잎의 폭이 좁아지고, 꽃의 크기가 작고 적게 맺히는 경우 결핍된 미량 원소는?

① 붕소(B)
② 철(Fe)
③ 아연(Zn)
④ 몰리브덴(Mo)

> **해설** 몰리브덴 결핍 증상은 잎과 꽃의 크기가 작고 적게 맺히는 등 질소 부족 현상과 유사하다.

54 소나무좀의 생활사를 기술한 것 중 옳은 것은?

① 유충은 2회 탈피하며 유충기간은 약 20일이다.
② 1년에 1~3회 발생하며 암컷은 불완전 변태를 한다.
③ 부화약충은 잎, 줄기에 붙어 즙액을 빨아 먹는다.
④ 부화한 애벌레가 쇠약목에 침입하여 갱도를 만든다.

> **해설** 성충과 유충이 줄기의 수피 아래틀 가해하는 1차 피해와 새로운 성충이 신초를 뚫고 들어가서 가해하는 후식 피해(2차 피해)가 있다.(천공성 해충)
> 연 1회 발생하며 성충으로 나무 밑동의 수피 틈에서 월동한 후 3월에 평균기온이 15℃ 정도로 2~3일 계속되면 월동처에서 나와 수세가 쇠약한 나무의 줄기에 침입해 산란한다.(완전변태)

55 축척 1/1,200의 도면을 1/600로 변경하고자 할 때 도면의 증가 면적은?

① 2배
② 3배
③ 4배
④ 6배

> **해설** 축척이 2배로 늘어나면, 길이는 2배, 면적은 4배로 늘어난다.

정답 52 ①   53 ④   54 ①   55 ③

56 다음 중 토양수분의 형태적 분류와 설명이 옳지 않은 것은?

① 결합수 – 점토광물에 결합되어 있어 식물이 이용하지 못하는 수분
② 흡습수 – 흡착되어 있어서 식물이 이용하지 못하는 수분
③ 모관수 – 식물이 이용할 수 있는 대부분의 수분
④ 중력수 – 표면장력에 의하여 토양입자에 붙어 있는 수분

> **해설** 토양수분의 형태
> - 결합수 : 점토광물에 결합되어 있어 분리시킬 수 없어 식물이 이용할 수 없는 수분
> - 흡습수 : 토양입자 표면에 피막상으로 흡착되어 식물이 거의 이용할 수 없는 수분
> - 모관수 : 토양공극에서 표면장력으로 유지되며, 모세관현상에 의해 공극을 따라 상승하여 식물이 주로 이용 하는 수분
> - 중력수 : 비모관공극에서 중력에 의하여 흘러내려 식물이 이용 가능한 수분
> - 지하수 : 지하에 정지하여 모관수의 근원이 되는 수분

57 자연상태(N), 흐트러진 상태(S), 다져진 상태(H)의 부피를 비교한 것으로 올바른 것은?

① H>N>S ② N>H>S ③ S>N>H ④ S>H>N

> **해설** 자연상태의 흙을 기준으로 할 경우 부피는 흐트러진 상태 > 자연상태 > 다져진 상태 순이다.

58 공사의 설계 및 시공을 의뢰하는 사람을 뜻하는 용어는?

① 설계자 ② 시공자 ③ 발주자 ④ 시공주

> **해설**
> - 설계자 : 발주자와 계약을 체결한 후 충분한 자료를 수집하여 계획하고, 지식과 경험을 바탕으로 설계 도면과 시방서 등을 작성하는 사람
> - 시공자 : 직영공사의 경우 시공주 자체가 시공자가 되지만 도급공사의 경우 시공주와 도급계약을 체결하여 공사를 위임받은 자 또는 회사가 시공자(도급자라 함)가 된다.
> - 시공주 : 직영공사의 경우 시공주 자체가 시공자가 되지만 도급공사의 시행을위한 입찰 또는 계약을 체결하여 이를 집행하는 자로 개인, 기업, 법인, 공공단체. 정부기관 등이 시공주가 된다.

정답 56 ④ 57 ③ 58 ③

59 재료가 외력을 받았을 때 작은 변형만 나타내도 파괴되는 현상을 무엇이라 하는가?

① 취성　　　② 강성　　　③ 인성　　　④ 전성

> **해설**
> • 취성 : 외력에 의하여 영구 변형을 하지 않고 파괴되는 성질로 인성과 반대이다.
> • 강성 : 재료가 하중을 받아 파괴될 때까지 높은 응력에 견디며 큰 변형을 나타내는 성질
> • 인성 : 외력에 의해 파괴되기 어려운 질기고 충격에 잘 견디는 성질로 취성과 반대이다.
> • 전성 : 압축력이 가해질 때 재료가 파괴되지 않고 펴지는 성질

60 다음 중 시멘트의 응결이 느린 경우는?

① W/C비가 많을수록
② 온도가 높고, 습도가 낮을수록
③ 칼슘 알루미네이트(C3A) 성분이 많을수록
④ 시멘트의 분말도가 큰 경우

> **해설** W/C비가 많다는 것은 물의 양이 많다는 뜻이며 물의 양이 많으면 응결은 지연된다.

정답 59 ①　60 ①

2021년 제2회 CBT 복원문제

01 자연식 조경 중 물을 전혀 사용하지 않고 나무, 바위, 왕모래 등으로 상징적인 정원을 만드는 양식은?

① 전원풍경식 ② 회유임천식 ③ 고산수식 ④ 중정식

해설 고산수식 정원
물을 전혀 사용하지 않고 바위, 나무, 왕모래만을 사용하여 만드는 일본의 자연식 정원양식으로, 초기에는 나무를 사용한 축산고산수식이 유행하였으나 이후 나무조차 배제하고 돌과 모래만을 사용한 평정고산수식이 발달하였다.

02 경관의 시각적 구성요소를 우세요소와 가변요소로 구분할 때 가변요소에 해당하지 않는 것은?

① 광선 ② 질감 ③ 기상조건 ④ 계절

해설 경관구성의 요소
- 우세요소 : 선, 형태, 질감, 색채 등
- 가변요소 : 광선, 기상조건, 계절, 시간 등

03 넓은 의미로의 조경을 가장 잘 설명한 것은?

① 기술자를 정원사라 부른다.
② 궁전 또는 대규모 저택을 중심으로 한다.
③ 식재를 중심으로 한 정원을 만드는 일에 중점을 둔다.
④ 정원을 포함한 광범위한 옥외공간 건설에 적극 참여한다.

해설 정원사, 조원(造園)은 좁은 의미의 조경이다.

04 다음 중 조선시대 중엽 이후의 정원 양식에 가장 큰 영향을 미친 사상은?

① 음양오행설 ② 신선설 ③ 자연복귀설 ④ 임천회유설

해설 조선시대 정원은 신선사상을 바탕으로 중엽 이후에 풍수지리설과 음양오행설이 가미되었다.

 정답 01 ③ 02 ② 03 ④ 04 ①

05 다음은 어떤 색에 대한 설명인가?

> 신비로움, 환상, 성스러움 등을 상징하며 여성스러움을 강조하는 역할을 하기도 하지만 반면 비애감과 고독감을 느끼게 하기도 한다.

① 빨강   ② 주황   ③ 파랑   ④ 보라

해설
- 보라색 : 우아함, 품위, 화려함, 풍부함, 신비스러움, 개성, 고독, 추함, 통찰력, 직관력, 상상력, 자존심, 관용과 긍정적인 이미지와 사치, 타락을 상징
- 파랑색 : 상쾌함, 신선함, 신비로움, 차가움, 냉정
- 주황색 : 에너지, 성과, 활력, 만족, 약동, 적극성, 명랑
- 빨강색 : 정지, 금지, 위험, 경고, 정열, 흥분, 관용, 사랑, 순교, 신의, 용기, 혁명, 사고, 생명, 재생, 태양, 불

06 다음 중 고산수 수법의 설명으로 알맞은 것은?

① 가난함이나 부족함 속에서도 아름다움을 찾아내어 검소하고 한적한 삶을 표현
② 물이 있어야 할 곳에 물을 사용하지 않고 돌과 모래를 사용해 물을 상징적으로 표현
③ 이끼 낀 정원석에서 고담하고 한아를 느낄 수 있도록 표현
④ 정원의 못을 복잡하게 표현하기 위해 호안을 곡절시켜 심(心)자와 같은 형태의 못을 조성

해설 고산수식 정원
나무를 다듬어 산봉우리 생김새를 얻게 하고, 바위를 세워 폭포를 상징시키며, 왕모래를 깔아 냇물이 흐르는 느낌을 얻게 하는 수법

07 경복궁 내 자경전의 꽃담 벽화 문양에 표현되지 않은 식물은?

① 매화   ② 석류   ③ 산수유   ④ 국화

해설 화문장(꽃담)
벽면에 매화, 대나무, 난초, 석류, 모란, 국화, 나비, 연꽃을 부조 기하학적이고 화려한 무늬로 장식

정답 05 ④   06 ②   07 ③

08 화단의 초화류를 엷은 색에서 점점 짙은 색으로 배열할 때 가장 강하게 느껴지는 조화미는?

① 통일미　　② 점층미　　③ 균형미　　④ 대비미

> **해설** 점층미
> 형태나 선, 색깔, 음향 등이 점차적으로 증가 또는 감소하는 것으로 예를 들면, 계절의 색채 변화 과정을 농담. 낮은 곳에서 높은 곳으로, 높은 곳에서 낮은 곳으로, 강에서 약으로, 직선에서 곡선으로, 대에서 소로, 소에서 대로 점차 변화하는 모습이다.

09 조선시대 경승지에 세운 누각들 중 경기도 수원에 위치한 것은?

① 연광정　　② 사허정　　③ 방화수류정　　④ 영호정

> **해설** 연광정과 사허정은 평양에, 영호정은 나주에 있다.
> 방화수류정은 수원 화성의 네 개의 각루 중 동북 각루의 이름이다.
> 각루란 성곽 가운데서 바깥을 조망하기 가장 좋은 곳에 위치한 일종의 초소이다.

10 고대 로마의 정원 배치는 3개의 중정으로 구성되어 있었다. 그중 사적인 기능을 가진 제2의 중정에 속하는 곳은?

① 아트리움　　② 지스터스　　③ 페리스틸리움　　④ 아고라

> **해설** 고대 로마의 주택정원
> 2개의 중정과 1개의 후원으로 구성된 내향적인 양식으로, 제1중정인 아트리움은 손님 접대나 사무를 위한 공적 공간이고, 제2중정인 페리스틸리움은 가족을 위한 사적 공간이며, 지스터스는 뒤뜰에 위치한 후원이다.

11 평판측량에서 제도용지의 도상점과 땅 위의 측점을 동일하게 맞추는 것은?

① 정준　　② 자침　　③ 표정　　④ 구심

> **해설** 평판측량의 3대 요소
> • 정준(정치) : 평판을 수평으로 맞추는 작업
> • 구심(치심) : 지상의 측점과 도상의 측점을 일치시키는 작업
> • 표정(정위) : 평판을 일정한 방향으로 고정시키는 작업으로, 평판측량의 오차에 가장 큰 영향을 미친다.

정답 08 ②　09 ③　10 ③　11 ④

12 다음 이슬람 정원 중 '알함브라 궁전'에 없는 것은?

① 알베르카 중정　　　　　　② 사자의 중정
③ 사이프레스의 중정　　　　④ 헤네랄리페 중정

> **해설**　알함브라 궁전에는 4개의 중정(patio)으로 조성되어 있으며 알베르카 중정, 사자의 중정, 사이프레스의 중정, 다라하의 중정이 있다.
> • 헤네랄리페는 알함브라 궁전에서 조금 떨어진 곳에 위치한 이궁이다.

13 제도에서 사용되는 물체의 중심선, 절단선, 경계선 등을 표시하는 데 가장 적합한 선은?

① 실선　　② 1점쇄선　　③ 파선　　④ 2점쇄선

> **해설**
> • 1점쇄선 : 중심선, 경계선, 절단선
> • 2점쇄선 : 가상선, 보조선
> • 실선 : 물체의 보이는 부분을 나타내는 선
> • 파선 : 숨은선, 물체의 보이지 않는 모양 표시

14 표제란에 대한 설명으로 옳은 것은?

① 도면명은 표제란에 기입하지 않는다.
② 도면 제작에 필요한 지침을 기록한다.
③ 도면번호, 도명, 작성자명, 작성일자 등에 관한 사항을 기입한다.
④ 용지의 긴 쪽 길이를 가로 방향으로 설정할 때 표제란은 왼쪽 아래 구석에 위치한다.

> **해설**
> • 기입내용 : 공사명, 도면명, 축척, 도면번호, 설계일시, 설계자명, 작성일자 등
> • 위치 : 도면 하단부에 좌우로 길게, 오른쪽 끝에 상하로 길게, 오른쪽 하단 구석에 작게

15 먼셀 색체계의 기본색인 5가지 주요 색상으로 바르게 짝지어진 것은?

① 빨강, 노랑, 초록, 파랑, 주황　　② 빨강, 노랑, 초록, 파랑, 보라
③ 빨강, 노랑, 초록, 파랑, 청록　　④ 빨강, 노랑, 초록, 남색, 주황

> **해설**
> • 1차 3원색 : 빨강, 노랑, 파랑
> • 2차 5원색(1차 혼합) : 빨강, 노랑, 초록, 파랑, 보라

정답　12 ④　13 ②　14 ③　15 ②

16 경관구성의 미적 원리를 동일성과 다양성으로 구분할 때 다양성에 해당하는 것은?

① 조화   ② 균형   ③ 강조   ④ 대비

> **해설**
> • 통일성 : 조화, 균형, 대칭, 강조
> • 다양성 : 비례, 율동, 대비

17 선의 방향에 따른 분류 중 수평선이 주는 느낌감은?

① 권위감   ② 평화감   ③ 남성감   ④ 운동감

> **해설** 직선은 수직선과 수평선 그리고 대각선이 있으며, 수직선은 권위감, 수평선은 평화감, 대각선은 운동감을 가진다. 또한 지그재그 선은 여러 방향을 제시하고, 자유 곡선은 부드럽고 우아한 느낌을 주는 여성적인 선이다.

18 옛날 처사도(處士道)를 근간으로 한 은일사상(隱逸思想)이 가장 성행하였던 시대는?

① 조선시대   ② 고구려시대   ③ 백제시대   ④ 신라시대

> **해설** 도가적 은일사상은 은일적 자연관으로 발전되어 전통사회, 특히 조선시대의 문학에서부터 조경양식에 까지 깊은 영향을 미쳤다.

19 그리스시대 공공건물과 주랑으로 둘러싸인 다목적 열린 공간으로 무덤의 전실을 가리키기도 했던 곳은?

① 포럼   ② 빌라   ③ 테라스   ④ 커낼

> **해설** 포럼
> 고대 로마의 도시에서 공공건물과 주랑으로 둘러싸인 구역의 한복판에 있는 다목적의 열린 공간으로, 공공집회장소로 쓰인 포럼은 그리스의 아고라와 아크로폴리스를 질서정연한 공간으로 바꾼 것이다.

20 경관 구성의 기법 중 한 그루의 나무를 다른 나무와 연결시키지 않고 독립하여 심는 경우를 말하며, 멀리서도 눈에 잘 띄기 때문에 랜드마크의 역할도 하는 수목 배치 기법은?

① 열식   ② 점식
③ 군식   ④ 부등변 삼각형 식재

> **해설** 목련, 소나무, 느티나무 등(대형수목)

정답 16 ④ 17 ② 18 ① 19 ① 20 ②

21 계획 구역 내에 거주하고 있는 사람과 이용자를 이해하는 데 목적이 있는 분석 방법은?

① 자연환경분석   ② 인문환경분석
③ 시각환경분석   ④ 청각환경분석

> **해설** 인문환경분석
> 지역현황 및 토지이용분석, 이용자 분석, 공간유형 분석 관련 법규조사

22 다음 중 일본 정원과 관련이 가장 적은 것은?

① 축소 지향적   ② 인공적 기교
③ 통경선의 강조   ④ 추상적 구성

> **해설** 통경선 – 비스타(Vista) 수법
> 좌우로 시선을 제한하여 일정 지점으로 시선이 모이도록 구성된 경관

23 거의 평탄지로 인식되며 활동하기 쉽고 배수 상태는 양호한 포장 구배는?

① 1% 이하   ② 1~4% 이하
③ 5~10% 이하   ④ 11~15% 이하

> **해설** 평탄한 운동장의 경우 배수를 위한 구배는 2~3%이다.

24 묘지공원의 설계 지침으로 가장 올바른 것은?

① 장제장 주변은 기능상 키가 작은 관목만을 식재한다.
② 산책로는 이용하기 좋게 주로 직선화 한다.
③ 묘지공원 내는 경건한 분위기를 위해 어린이 놀이터 등 휴게시설 설치를 일체 금지시킨다.
④ 전망대 주변에는 큰 나무를 피하고, 적당한 크기의 화목류를 배치한다.

> **해설** 장제장 주변은 정숙함과 위요감을 느낄 수 있도록 하며, 산책로는 곡선화하여 자연스러움을 연출한다. 또한 묘지공원은 정적인 놀이시설 및 휴게시설을 도입하여 가족이 함께 이용할 수 있도록 한다.

정답 21 ② 22 ③ 23 ② 24 ④

25 영국의 스토우(Stowe)원을 설계했으며, 정원 내에 하하(Ha-ha)의 기교를 생각해 낸 조경가는?

① 찰스 브릿지맨 ② 윌리엄 켄트
③ 험프리 렙턴 ④ 이안 맥하그

해설 찰스 브릿지맨은 치즈윅 하우스, 루스햄, 스투어헤드를 설계하고 하하(Ha-Ha)기법을 도입한 조경가이다.

26 다음 중 양수에 해당하는 수종은?

① 조록싸리 ② 식나무
③ 일본잎갈나무 ④ 사철나무

해설 양수 – 충분한 광선 밑에서 좋은 생육 (전광선양의 70% 내외 광선 필요)
- 음수(주로 상록활엽수) : 굴거리나무, 식나무, 비자나무, 개비자나무, 독일가문비나무, 주목, 전나무, 광나무, 가시나무, 녹나무, 사철나무, 후박나무, 동백나무, 호랑가시나무, 팔손이, 회양목
- 양수(주로 꽃/과일 수종) : 자작나무, 향나무, 느티나무, 가중나무, 석류나무, 산수유, 모과나무, 백목련, 무궁화, 소나무, 곰솔, 일본잎갈나무, 측백나무, 버즘나무, 은행나무, 철쭉류, 포플러류, 개나리

27 다음 중 내염성이 가장 큰 수종은?

① 사철나무 ② 낙엽송 ③ 일본목련 ④ 목련

해설 내염성이 큰 수종
해송, 리기다소나무, 비자나무, 주목, 측백나무, 녹나무, 굴거리나무, 태산목, 후박나무, 감탕나무, 아왜나무, 먼나무, 동백나무, 호랑가시나무, 눈향나무, 해당화, 사철나무, 회양목, 찔레꽃 등

28 미리 골재를 거푸집 안에 채우고 특수 탄화제를 섞은 모르타르를 주입하여 골재 빈틈을 메워 만드는 콘크리트는?

① 매스콘크리트 ② 프리스트레스트 콘크리트
③ 서중콘크리트 ④ 프리팩트 콘크리트

해설
- 매스콘크리트 : 콘크리트 구조물의 크기가 커서 수화열을 검토해야 하는 콘크리트
- 프리스트레스트 콘크리트 : 강선 등을 이용하여 미리 부재 내에 응력을 준 콘크리트
- 서중콘크리트 : 평균 25℃, 최고 30℃ 넘을 때 타설하는 콘크리트

정답 25 ① 26 ③ 27 ① 28 ④

29 아스팔트의 양부를 판정하는 기준이 되는 것을 무엇이라 하는가?

① 융기 ② 균열 ③ 침입도 ④ 인장강도

해설 아스팔트 양부
시공 후 좋고 나쁨을 뜻하는 말로 침입도(경도)로 판단한다. 100g 추로 5초 동 안 바늘로 누를 때 0.1mm는 침입도 1이다.

30 다음 골재의 입도(粒度)에 대한 설명 중 옳지 않은 것은?

① 입도시험을 위한 골재는 4분법이나 시료 분취기에 의하여 필요한 양을 채취한다.
② 입도란 크고 작은 골재립(粒)이 혼합되어있는 정도를 말하며 체가름시험에 의하여 구할 수 있다.
③ 입도가 좋은 골재를 사용한 콘크리트는 공극이 커지기 때문에 강도가 저하한다.
④ 입도곡선이란 골재의 체가름시험 결과를 곡선으로 표시한 것이며, 입도곡선이 표준 입도곡선 내에 들어가야 한다.

해설 입도가 좋은 골재를 사용한 콘크리트는 공극이 작아져 강도가 증가한다.

31 돌쌓기의 종류 가운데 돌만을 맞대어 쌓고 뒷채움은 잡석, 자갈 등으로 하는 방식은?

① 찰쌓기 ② 메쌓기 ③ 골쌓기 ④ 켜쌓기

해설
• 찰쌓기 : 뒤채움에 콘크리트를 사용하고, 줄눈에 모르타르를 사용하여 쌓는다.
• 골쌓기 : 막돌, 깬돌, 깬잡석을 사용하여 줄눈을 파상 또는 골을 지어 가며 쌓는 방법이다.
• 켜쌓기 : 마름돌을 사용하여 돌 한 켠의 가로 줄눈이 수평적 직선이 되도록 쌓는다.

32 목재의 방부제로 쓰이는 CCA 방부제는 어떤 성분을 주로 배합하여 만든 것인가?

① 크롬, 칼슘, 비소
② 구리, 비소, 크롬
③ 칼륨, 구리, 크롬
④ 칼슘, 칼륨, 구리

해설 방부제 CCA는 크롬(Chrome) 구리(Copper) 비소(Arsenic)의 머릿글자를 딴 것이다.

정답 29 ③ 30 ③ 31 ② 32 ②

33 석재의 형성 원인에 따른 분류 중 퇴적암에 속하지 않는 것은?

① 사암　　　　② 점판암　　　　③ 응회암　　　　④ 안산암

해설　안산암은 경석, 화강암과 함께 화성암에 속하고, 퇴적암(수성암)은 점판암, 사암, 응회암, 석회석, 석고 등이 석재로 분류된다. 참고로 변성암에는 대리석과 사문석이 있다.

34 세라믹 포장의 특성이 아닌 것은?

① 융점이 높다.　　　　　　② 상온에서의 변화가 적다.
③ 압축에 강하다.　　　　　④ 경도가 낮다.

해설　세라믹 포장
특수제작공법에 의해 1,200℃ 이상에서 고온 소성하여 제조된 다양한 굵기(3.5mm 이하)의 세라믹스 구체로서, 그윽하고 미려한 색채를 띠고 있을 뿐만 아니라 자외선이나 마찰에 의한 변색 및 마모가 없다.

35 식물이 필요로 하는 양분 요소 중 미량원소로 옳은 것은?

① Fe　　　　② K　　　　③ O　　　　④ S

해설
- 다량원소 : C, H, O, N, P, K, Ca, Mg, S
- 미량원소 : Fe, Mn, Cu, Zn, Mo, B, Cl

36 다음과 같은 피해 특징을 보이는 대기오염 물질은?

- 침엽수는 물에 젖은 듯한 모양, 적갈색으로 변색
- 활엽수 잎의 끝부분과 엽맥사이 조직의 괴사, 물에 젖은 듯한 모양(엽육조직피해)

① 오존　　　　② 아황산가스　　　　③ PAN　　　　④ 중금속

해설　아황산가스는 황을 함유한 석탄이나 석유 등이 연소할 때 배출되며 수목에 가장 많은 피해를 주는 대기오염 물질이다.

정답　33 ④　34 ④　35 ①　36 ②

37 토양 단면에 있어 낙엽과 그 분해 물질 등 대부분 유기물로 되어 있는 토양 고유의 층으로 L층, F층, H층으로 구성되어 있는 것은?

① 용탈층(A층)   ② 유기물층(Ao층)
③ 집적층(B층)   ④ 모재층(C층)

해설
구분	상태
Ao층(유기물층)	• A층 위의 유기물 집적층 • L층(낙엽층), F층(조부식층), H(정부식층)
A층(용탈층)	• 토양의 표면이 되는 부분
B층(집적층)	• A층으로부터 용탈된 물질이 쌓인층
C층(모재층)	• A층과 B층을 이루는 암석이 풍화된 그대로 있는 모재층
R층(모암층)	• C층 밑의 암석층

38 토공사에서 토량산출시 가장 정확하게 토양 체적을 산출할 수 있는 계산 공식은?

① 양단면평균법   ② 중앙단면법   ③ 각주공식   ④ 삼각법

해설 같은 토량이라 할지라도 양단면평균법은 많게, 중앙단면법은 적게 산출되며 각주공식으로 산출한 토량이 가장 정확하다.

39 조경공사용 기계의 종류와 용도(굴삭, 배토정지, 상차, 운반, 다짐)의 연결이 옳지 않은 것은?

① 굴삭용 - 무한궤도식 로더   ② 운반용 - 덤프트럭
③ 다짐용 - 탬퍼   ④ 배토정지용 - 모터그레이더

해설 로더는 물건을 들어 올려서 트럭과 같은 운반장비에 상차하는 것이 주 목적인 건설장비이다. 가장 일반적인 사용처는 쌓여있는 토사를 퍼서 덤프트럭에 옮겨 싣는 작업이다.

40 다음 중 여성토의 정의로 가장 알맞은 것은?

① 가라앉을 것을 예측하여 흙을 계획 높이보다 더 쌓는 것
② 중앙분리대에서 흙을 볼록하게 쌓아 올리는 것
③ 옹벽 앞에 계단처럼 콘크리트를 쳐서 옹벽을 보강하는 것
④ 잔디밭에서 잔디에 주기적으로 뿌려 뿌리가 노출되지 않도록 준비하는 토양

해설 더돋기(여성토)
토적의 축소에 대하여 충분한 높이와 용적을 가지게 하기 위하여 계획 높이 보다 10% 이내로 흙을 더 쌓는 작업

정답 37 ②   38 ③   39 ①   40 ①

41 제초제 1,000ppm은 몇 %인가?

① 0.01% ② 0.1% ③ 1% ④ 10%

해설 1%=10,000ppm

42 다음 중 한국잔디류에 가장 많이 발생하는 병은?

① 녹병 ② 탄저병
③ 설부병 ④ 브라운패치

해설
- 붉은 녹병 : 한국잔디의 대표적인 병으로 배수불량, 답압시 발생
- 브라운패치 : 서양잔디에만 발생, 잔디깎기 불량시에 발생

43 시공관리의 3대 목적이 아닌 것은?

① 원가관리 ② 공정관리
③ 노무관리 ④ 품질관리

해설 시공관리 3대 기능 : 품질관리(좋게), 공정관리(빨리), 원가관리(싸게)

44 다음에서 설명하는 잡초로 옳은 것은?

- 일년생 광엽잡초
- 논 잡초로 많이 발생할 경우는 기계수확이 곤란
- 줄기 기부가 비스듬히 땅을 기며 뿌리가 내리는 잡초

① 메꽃 ② 한련초
③ 가막사리 ④ 사마귀풀

해설 사마귀풀
종자로 번식하는 닭의장풀과 일년생 잡초로 물기가 많은 논이나 늪에 자라는 한해살이 풀이다. 줄기는 아래쪽이 비스듬히 땅을 기면서 뿌리를 내리고 가지가 많이 갈라지며 높이 10~30cm이다. 줄기는 연한 녹색이지만 홍자색이 돌며, 겉에 한 줄로 털이 나 있다. 잎은 어긋나며 좁은 피침형, 길이 2~6cm, 폭 4~8mm이다. 줄기 밑부분은 길이 1cm의 잎집으로 되며 잎집 전체에 털이 있다. 꽃은 8~9월에 줄기 끝이나 잎겨드랑이에서 1개씩 피며, 연한 홍자색, 지름 약 13mm이다.

 정답 41 ② 42 ① 43 ③ 44 ④

45 인간이나 기계가 공사 목적물을 만들기 위하여 단위물량당 소요하는 노력과 물질을 수량으로 표현한 것을 무엇이라 하는가?

① 할증　　　② 품셈　　　③ 견적　　　④ 내역

> [해설]
> • 할증 : 일정한 값에 대한 일정 비율을 가산하는 것
> • 견적 : 장래에 있을 거래가격을 사전에 계산하여 산출하는 것
> • 내역 : 물품이나 금액 따위의 분명하고 자세한 내용

46 식물병의 발생 부위는 크게 잎, 줄기, 뿌리이다. 다음 중 잎에 발생하는 병이 아닌 것은?

① 탄저병　　　② 흰가루병　　　③ 근두암종병　　　④ 그을음병

> [해설] 근두암종병
> 뿌리 및 줄기에 혹을 형성한다. 색깔은 초기에 백색을 띠고 차차 갈색 내지 암자갈색으로 변한다. 암종직경은 수 ㎜에서 수십 ㎝크기의 다양한 모양으로 주로 뿌리에 발생한다. 암종은 병원균의 감염으로 나무의 세포조직 분열에 의해서 형성된 것이며, 뿌리의 작은 암종은 선충에 의한 암종과 혼동되기 쉽다.

47 정지, 전정의 방법 중 틀린 것은?

① 수목의 주지(主枝)는 하나로 자라게 한다.
② 같은 방향과 각도로 자라난 평행지는 남겨 둔다.
③ 역지(逆枝)는 제거 한다.
④ 무성하게 자란 가지는 제거 한다.

> [해설] 평행지는 단조로움을 주고 수목 성상의 균형을 깨지게 하기 때문에 둘 중에 생육이 불량한 가지는 제거 한다.

48 흡즙성 해충의 분비물로 인하여 발생하는 병은?

① 흰가루병　　　② 그을음병　　　③ 혹병　　　④ 점무늬병

> [해설] 그을음병
> 식물의 잎, 가지, 열매 표면에 검은 그을음 같은 곰팡이가 생기는 병해로, 주로 곤충의 분비물을 먹이로 하는 자낭균류가 원인이다. 이 병은 식물 자체에 직접적인 피해를 주지는 않지만, 광합성을 방해해 쇠약하게 만든다.

[정답] 45 ②　46 ③　47 ②　48 ②

49 잔디의 잎에 갈색 병반이 동그랗게 생기고, 특히 6~9월경에 벤트그래스에 주로 나타나는 병해는?

① 브라운패치　　② 녹병　　③ 황화병　　④ 설부병

> **해설**　브라운패치
> 한지형 잔디에 잘 걸리는 병으로 여름철 고온다습한 환경에서 발생한다.

50 농약 혼용 시 주의하여야 할 사항으로 틀린 것은?

① 혼용시 침전물이 생기면 사용하지 않아야 한다.
② 가능한 한 고농도로 살포하여 인건비를 절약한다.
③ 농약의 혼용은 반드시 농약혼용가부표를 참고한다.
④ 농약을 혼용하여 조제한 약제는 될 수 있으면 즉시 살포하여야 한다.

> **해설**　농약을 혼용할 때 약해발생으로 인한 피해를 방지하기 위해서는 다른 약제와 혼용시 약해가 잘 일어나는 약제는 농약설명서의 (주의사항)란에 표기되어 있으므로 농약설명서를 잘 읽어 이상 유무를 확인한 후 사용하여야 하고 그 외의 약제에 대해서도 공인된 '농약혼용가부표'를 반드시 확인하고 혼용이 가능한 조합의 약제를 선택하는 것이 안전하다. 농약혼용 시 주의할 사항을 요약하면 다음과 같다.
> ① 혼용가부표를 반드시 확인할 것. 혼용가부표에 나와 있는 약제 조합일지라도 해당 농작물에 사용토록 고시되어 있지 않은 약제는 혼용할 수 없다.
> ② 농약을 혼용할 때에는 표준 희석배수를 반드시 준수하고 고농도로 희석하지 않도록 한다.
> ③ 2종 혼용을 원칙으로 하고 다종 약제의 혼용은 피한다.
> ④ 농약을 혼용하여 살포액을 만들 때에는 동시에 두 가지 이상의 약제를 섞지말고 한 약제를 먼저 물에 완전히 섞은 후 다음 약제를 차례대로 추가하여 섞도록 한다.
> ⑤ 수화제와 다른 약제와의 혼용시에는 액제=수용제 → 수화제=액상수화제 → 유제 순으로 물에 섞도록 한다.
> ⑥ 혼용 희석하였을 때 침전물이 생긴 희석액은 사용하지 않는다.
> ⑦ 혼용 희석하여 조제한 살포액은 오래 두지 말고 당일에 사용토록 한다.
> ⑧ 다종 혼용 시에는 농약을 표준량 이상으로 살포하지 않는다.
> ⑨ 혼용가부표에 없는 농약을 부득이 혼용할 경우에는 전문기관의 상담이나 좁은 면적에 시험 살포하여 이상 유무를 확인한 후 살포하도록 한다.

　정답　49 ①　50 ②

51 일반적인 동선의 성격과 기능을 설명한 것으로 부적합한 것은?

① 동선의 다양한 공간 내에서 사람 또는 사람의 이동 경로를 연결하게 해 주는 기능을 갖는다.
② 동선은 가급적 단순하고 명쾌해야 한다.
③ 성격이 다른 동선은 혼합하여도 무방하다.
④ 이용도가 높은 동선의 길이는 짧게 해야 한다.

해설 성격이 다른 동선은 반드시 분리해야 하고, 가급적 동선의 교차를 피하도록 한다.

52 가연성 도료의 보관 및 장소에 대한 설명 중 틀린 것은?

① 직사광선을 피하고 환기를 억제한다.
② 소방 및 위험물 취급 관련 규정에 따른다.
③ 건물 내 일부에 수용할 때에는 방화 구조적인 방을 선택한다.
④ 주위 건물에서 격리된 독립된 건물에 보관하는 것이 좋다.

해설 직사광선을 피하고 환기를 자주 시킨다.

53 해충의 방제방법 중 기계적 방제방법에 해당하지 않는 것은?

① 경운법   ② 소살법   ③ 유살법   ④ 방사선이용법

해설 물리적 방제법은 화학물질 없이 물리적·기계적 수단으로 병해충을 제어하는 방법이다. 이와 달리 방사선이나 농약 등을 이용하는 방법은 화학적 방제법에 속한다.

54 콘크리트용 혼화재로 실리카퓸(Silica Fume)을 사용한 경우 효과에 대한 설명으로 잘못된 것은?

① 알칼리 곰재반용의 억제 효과가 있다.
② 내화학 약품성이 향상된다.
③ 단위수량과 건조수축이 감소된다.
④ 콘크리트의 재료분리 저항성, 수밀성이 향상된다.

해설 실리카퓸은 초미분이기 때문에 감수제를 사용하지 않으면 단위수량이 증대한다.

정답 51 ③   52 ①   53 ④   54 ③

55 다음 석재 중 일반적으로 내구연한이 가장 짧은 것은?

① 화강석　　② 석회암　　③ 대리석　　④ 석영암

> **해설** 석회암은 탄산칼슘($CaCO_3$)으로 이루어진 퇴적암으로, 주로 조개 껍질이나 산호 등 생물의 파편으로 이루어져 있다. 모든 퇴적암들 중 10%가 석회암이다. 석회암은 약산성의 용액에 쉽게 녹기 때문에 화학적 풍화에 약하며, 그 결과 불규칙한 형태의 카르스트 지형과 석회동굴을 만들 수 있다.

56 두께 15cm 미만이며, 폭이 두께의 3배 이상인 판 모양의 석재를 무엇이라고 하는가?

① 각석　　② 판석　　③ 마름돌　　④ 견치돌

> **해설**
> - 각석 : 폭이 두께의 3배 미만인 직육면체 형태의 돌
> - 마름돌 : 직육면체로 다듬은 돌
> - 견치돌 : 접촉면의 각을 고르게 한 것. 찰쌓기, 메쌓기에 사용

57 식물이 이용 가능한 토양의 유효수분 pF값 범위로 가장 적합한 것은?

① 0~1.4　　② 1.5~2.5　　③ 2.7~4.2　　④ 4.5~7.0

> **해설** 유효수분(pF)
> 토양 중 식물이 흡수 가능한 수분을 의미하며, 포장용수량과 영구위조점 사이의 수분량을 지칭한다. 이 범위는 토양 구조와 수분장력에 따라 달라지며, 일반적으로 pF 2.5(포장용수량)에서 pF 4.2(영구위조점) 사이이다.

58 진딧물의 방제를 위하여 보호하여야 하는 천적으로 볼 수 없는 것은?

① 무당벌레류　　② 꽃등에류　　③ 솔잎벌류　　④ 풀잠자리류

> **해설** 진딧물의 천적
> 무당벌레, 풀잠자리, 콜레마니진디벌, 진디혹파리, 꽃등에 등

정답 55 ②　56 ②　57 ③　58 ③

59 하수도시설기준에 따라 오수관거의 최소관경은 몇 mm를 표준으로 하는가?

① 100mm ② 150mm ③ 200mm ④ 250mm

> **해설**
> - 분류식 오수관 : 200mm 이상
> - 우수관이나 합류식 오수관 : 250mm 이상

60 다음 중 시설물의 관리를 위한 방법으로 적합하지 못한 것은?

① 벽돌 및 자연석등의 원로포장 파손 시 많은 부분을 철저히 조사한다.
② 배수시설은 정기적인 점검을 실시하고, 배수구의 잡물을 제거한다.
③ 콘크리트 포장의 갈라진 부분은 파손된 재료 및 이물질을 완전히 제거한 후 조치한다.
④ 유희시설물 점검은 용접부분 및 움직임이 많은 부분을 철저히 조사한다.

> **해설** 벽돌 및 자연석 등의 원로포장 파손 시 파손된 부분을 보수한다.

정답 59 ③ 60 ①

2021년 제3회 CBT 복원문제

01 상점의 간판에 세 가지의 조명을 동시에 비추어 백색광을 만들려고 한다. 이 때 필요한 3가지 기본 색광은?

① 노랑(Y), 초록(G), 파랑(B)
② 빨강(R), 노랑(Y), 파랑(B)
③ 빨강(R), 노랑(Y), 초록(G)
④ 빨강(R), 초록(G), 파랑(B)

> **해설** 빛의 3원색은 빨강(Red), 초록(Green), 파랑(Blue)으로, 디지털 디스플레이와 조명 시스템에서 색상을 표현하는 기본 원리이다. 이 세 가지 색을 조합하면 다양한 색을 만들 수 있으며, 모두 합치면 흰색이 된다.

02 다음 중 주택정원의 작업뜰에 위치할 수 있는 시설물로 가장 부적합한 것은?

① 장독대
② 파고라
③ 빨래 건조장
④ 채소밭

> **해설** 작업정은 주택 내에서 작업을 할 수 있는 정원으로 시설물로는 장독대, 빨래 건조대, 텃밭, 수도시설 등이 위치한다. 파고라는 주정(안뜰)에 위치한다.

03 다음 중 9세기 무렵에 일본 정원에 나타난 조경 양식은?

① 평정고산수양식
② 침전조양식
③ 다정양식
④ 회유임천양식

> **해설** 일본정원사의 변천 과정
> ① 임천식(8C~11C) 헤이안 시대
> ② 회유임천식(12C~14C) 가마쿠라(겸창) 시대
> ③ 축산고산수법(14C) 무로마치(실정) 시대
> ④ 평정고산수법(15C후반) 무로마치(실정) 시대
> ⑤ 다정양식(16C)
> ⑥ 지천임천식, 회유식, 원주파 임천식(강호 시대 초기)
> ⑦ 축경식 수법(강호 후기)
> ※ 침전조 양식은 중도임천식이 나타날 때 침전을 중심으로 연못과 정원을 조성하는 수법으로 신천원은 최초의 침전조 양식으로 약 9C경에 등장

 정답 01 ④ 02 ② 03 ②

04 스페인 정원의 특징과 관계가 먼 것은?

① 건물로서 완전히 둘러싸인 가운데 뜰 형태의 정원
② 정원의 중심부는 분수가 설치된 작은 연못 설치
③ 웅대한 스케일의 파티오 구조의 정원
④ 난대, 열대 수목이나 꽃나무를 화분에 심어 중요한 자리에 배치

> **해설** 스페인 정원은 건물로 둘러싸인 형태의 중정식(파티오) 구조로 그 규모는 작지만 화려한 기법을 사용하였다. 대표적인 정원으로는 알함브라 궁원이 있다.

05 이탈리아 조경 양식에 대한 설명으로 틀린 것은?

① 별장이 구릉지에 위치하는 경우가 많아 정원의 주류는 노단식
② 노단과 노단은 계단과 경사로에 의해 연결
③ 축선을 강조하기 위해 원로의 교점이나 원점에 분수 등을 설치
④ 대표적인 정원으로는 베르사유 궁원

> **해설** 베르사이유 궁원
> 17C 후기 프랑스 평면기하학식 정원으로서 앙드레 르노트르에 의해 만들어진 정형식 정원이다. 이탈리아 노단식 정원 양식은 지형의 영향을 받아 경치가 뛰어난 구릉지에 별장을 만들고 계단식 테라스로 정원을 꾸몄던 15C~17C 르네상스 초기에 조성되었던 정원의 유형이다. 대표적인 정원으로는 에스테, 랑테, 파르네제 등이 있다.

06 회교문화의 영향을 입어 독특한 정원양식을 보이는 곳은?

① 이탈리아정원 ② 영국정원
③ 프랑스정원 ④ 스페인정원

> **해설** 스페인의 경우 이슬람(회교) 문화를 흡수하면서 독특한 양식의 정원이 발달하였다.

07 퍼걸러(Pergola) 설치장소로 적합하지 않은 것은?

① 건물에 붙여 만들어진 테라스 위 ② 주택정원의 가운데
③ 통경선의 끝부분 ④ 주택정원의 구석진 곳

> **해설** 퍼걸러는 조경 공간의 중심이나 경관의 초점이 되는 곳 또는 조망이 좋고 한적한 곳에 설치한다.

 정답 04 ③ 05 ④ 06 ④ 07 ②

08 다음 중 쌍탑형 가람배치를 가지고 있는 사찰은?

① 경주 분황사　　　　　　② 부여 정림사
③ 경주 감은사　　　　　　④ 익산 미륵사

해설　가람배치는 사찰 건축의 공간적 구성과 규칙성을 의미하며, 불교 사원의 중심 건물(탑, 금당 등)과 주변 건물의 배치 방식을 지칭한다. 삼국시대부터 발전해 온 이 배치는 시대와 지역에 따라 다양한 양식을 보여 준다.
경주 감은사는 쌍탑(똑같은 모양의 탑을 마주 보게 배치)을 세웠다. 감은사는 통일신라시대의 신문왕이 창건하였다.

09 다음 중 프랑스 베르사유궁원의 수경시설과 관련이 없는 것은?

① 아폴로 분수　② 물 극장　③ 라토나 분수　④ 양어장

해설　아폴로 분수와 라토나 분수는 베르사유궁의 대표적인 분수이며 양어장은 베르사유궁원과 관련이 없다.

10 다음 중 서원 조경에 대한 설명으로 틀린 것은?

① 도산서당의 정우당, 남계서원의 지당에 연꽃이 식재된 것은 주렴계의 애련설의 영향이다.
② 서원의 진입공간에는 홍살문이 세워지고, 하마비와 하마석이 놓여진다.
③ 서원에 식재되는 수목들은 관상을 목적으로 식재되었다.
④ 서원에 식재되는 대표적인 수목은 은행나무로 행단과 관련이 있다.

해설　서원에는 소나무 숲을 조성하여 유생들의 변하지 않는 기상과 곧은 절개를 나타내었다.

11 구상나무(Abies koreana wilson)와 관련된 설명으로 틀린 것은?

① 한국이 원산지이다.
② 측백나무과에 해당한다.
③ 원추형의 상록침엽교목이다.
④ 열매는 구과로 원통이며 길이 4~7cm, 지름 2~3cm의 자갈색이다.

해설　구상나무는 소나무과에 속하는 상록침엽교목이다.

정답　08 ③　09 ④　10 ③　11 ②

12 자연토양을 사용한 인공지반에 식재된 대관목의 생육에 필요한 최소 식재토심은? (단, 배수구배는 1.5~2.0%이다.)

① 15cm   ② 30cm   ③ 45cm   ④ 70cm

해설

형태상 분류	자연토양 사용시(cm 이상)	인공토양 사용시(cm 이상)
잔디/초본류	15	10
소관목	30	20
대관목	45	30
교목	70	60

13 레드북(Red Book)에 정원 개조 전후의 모습을 스케치하여 의뢰인에게 보여 줌으로써 비교와 이해를 쉽게 한 조경가는 누구인가?

① 험프리 렙턴   ② 브릿지맨
③ 윌리엄 켄트   ④ 란 셀로트 브라운

해설 H.렙톤(Humphry Repton:1752~1818)은 '레드북'으로 불리우는 아름답게 장정된 작은 리포트에 계획의 설명을 적거나 스케치, 그림과 평면도 등을 그려 놓아 계획부지의 현황을 솜씨있게 분석하고, 개선된 모습을 낙관적으로 제안했다.

14 중국 송시대의 수법을 모방한 화원과 석가산 및 누각 등이 많이 나타난 시기는?

① 백제시대   ② 신라시대   ③ 고려시대   ④ 조선시대

해설 고려시대에는 중국 송시대의 수법을 모방하여 화원과 석가산, 많은 누각 등을 배치한 관상 위주의 화려한 정원을 꾸몄다.

15 화단 50m의 길이에 1열로 생울타리(H1.2×W0.4)를 만들려면 해당 규격의 수목이 최소한 얼마가 필요한가?

① 42주   ② 125주   ③ 200주   ④ 600주

해설 전체길이 50m/수관폭 0.4m=125주

정답 12 ③   13 ①   14 ③   15 ②

16 다음 제시된 색 중 같은 면적에 적용했을 경우 가장 좁아 보이는 색은?

① 옅은 하늘색
② 선명한 분홍색
③ 밝은 노란 회색
④ 진한 파랑

> **해설** 진한 파랑색은 ①옅은 하늘색 ②선명한 분홍색 ③밝은 노란 회색에 비해서 한색(寒色)으로서 한색은 후퇴색, 수축색으로 불린다.

17 브라운파의 정원을 비판하였으며 큐가든에 중국식 건물, 탑을 도입한 사람은?

① Richard Steele
② Joseph Addison
③ Alezander Pope
④ William Chambers

> **해설** 윌리엄 챔버(William Chambers)
> 큐가든(Kew garden)에 중국식 건물과 탑을 세움, 중국 정원 소개

18 고대 그리스에서 청년들이 체육훈련을 하는 자리로 만들어졌던 것은?

① 페리스틸리움
② 지스터스
③ 짐나지움
④ 보스코

> **해설** 짐나지움 : 청년들이 체육훈련을 하는 장소, 대중공원으로 발달

19 다음 중 추위에 견디는 힘과 짧은 예취에 견디는 힘이 강하며, 골프장의 그린을 조성하기에 가장 적합한 잔디의 종류는?

① 들잔디
② 벤트그래스
③ 버뮤다그래스
④ 라이그래스

> **해설** 벤트그래스 : 한지형 잔디, 버뮤다그래스 : 난지형 잔디

20 다음 정원요소 중 인도정원에 가장 큰 영향을 미친 것은?

① 노단
② 토피어리
③ 돌수반
④ 물

> **해설** 종교의 영향으로 목욕을 위한 물이 정원의 주요 구성요소

정답 16 ④ 17 ④ 18 ③ 19 ② 20 ④

21 다음 중 일본의 축산고산수 수법이 아닌 것은?

① 왕모래를 깔아 냇물을 상징하였다.
② 낮게 솟아 잔잔히 흐르는 분수를 만들었다.
③ 바위를 세워 폭포를 상징하였다.
④ 나무를 다듬어 산봉우리를 상징하였다.

해설 축산고산수식 정원
나무를 다듬어 산봉우리의 생김새를 얻게 하고 바위를 세워 폭포를 상징시키며 왕모래를 깔아 냇물이 흐르는 느낌을 얻을 수 있게 하는 수법

22 스페인 정원 양식과 관련이 없는 것은?

① 비스타
② 색채타일
③ 분수
④ 대리석과 벽돌

해설 비스타(Vista, 통경선)
통경선이라고도 하며, 시선을 한 방향으로 유도하기 위해 가로수 등을 일정한 방향으로 축선을 가진 풍경을 배치하는 구성 기법.
비스타는 주로 서양의 정형식 정원 양식, 특히 프랑스의 평면기하학식 조경에서 공간을 더욱 넓게 보이도록 하는 효과가 있다.
부수적으로는 차폐, 경계 등의 효과도 있다.

23 고려시대 정원양식과 관련이 없는것은?

① 석가산   ② 격구장   ③ 화원   ④ 포석정

해설 포석정
통일신라시대의 조경 유적인 포석정은 흐르는 물에 술잔을 띄워 곡수연을 즐기던 곳으로, 왕희지의 난정고사를 본 따 만든 왕과 측근들의 유락공간이었다.

24 다음 중 창덕궁 후원 내 옥류천 일원에 위치하고 있는 궁궐 내 유일의 초정은?

① 애련정   ② 부용정   ③ 관람정   ④ 청의정

해설 초정(草亭)
지붕을 기와가 아닌 풀이나 갈대 따위로 얹은 정자를 말한다.

 정답 21 ②   22 ①   23 ④   24 ④

25 다음은 야생 동물의 서식처와 관련된 인자들이다. 야생 동물의 서식처와 가장 밀접한 관련이 있는 것은?

① 지형의 변화 ② 식생분포
③ 토양분포 ④ 인공구조물 분포

해설 한 종의 야생 동물은 2가지 이상의 식생형을 필요로 한다. 즉, 새들은 둥지를 만들 곳과 먹이를 구할 곳이 필요하다. 따라서 둘 이상의 식생형이 만나는 곳에 많은 야생 동물을 볼 수 있다.

26 목재의 구조에는 춘재와 추재가 있는데 추재(秋材)를 바르게 설명한 것은?

① 세포는 막이 얇고 크다. ② 빛깔이 옅고 재질이 연하다.
③ 빛깔이 짙고 재질이 치밀하다. ④ 춘재보다 자람의 폭이 넓다.

해설
- 춘재 (春材, spring wood)
  수목의 하나의 나이테 중에서 봄철에서 여름철까지 형성된 부분.
  1년 중에서 빨리 형성되므로 조재(早材)라고도 한다. 온난한 봄철에는 생장도 왕성하므로 생성되는 세포는 막이 얇고 모양이 크다. 추재에 비해 색깔이 엷고 조직은 거칠며 비중이 작고 부드러우며 강도도 낮다. 춘재에서 추재로 바뀔 때의 세포의 변화는 완만하므로 그 경계를 명료하게 구별하기는 곤란한 경우가 많다. 춘추재를 포함한 나이테의 폭은 재질(材質)의 지표가 된다.
- 추재 (秋材, autumn wood)
  수목의 나이테 중에서 여름부터 가을에 걸쳐서 형성된 부분.
  여름부터 형성되므로 하재(夏材), 나이테 중에서 늦게 형성되므로 만재(晩材)라고도 한다. 4계절의 변화가 있는 온대 · 아한대에서 볼 수 있다. 일조(日照) · 기온 등의 생활환경이 점점 나빠지는 때이므로 생장이 저하되고, 생성되는 세포는 막이 두껍고 모양이 작다. 춘재(春材)에 비해 색깔이 짙고 비중이 크며 단단하고 강도도 높다. 나이테 중에서 추재가 차지하는 비율을 추재율이라 하며, 침엽수에서는 추재율이 클수록 강도가 높다.

27 수목의 여러 가지 이용 중 단풍의 아름다움을 관상하려 할 때 적합하지 않은 수종은?

① 신나무 ② 칠엽수 ③ 화살나무 ④ 팥배나무

해설 신나무와 화살나무는 붉은색 계열의 단풍, 칠엽수와 팥배나무는 노란색 계열 단풍이다. 팥배나무는 잎이 빨리 떨어지고 단풍이 고르지 않다.

 정답 25 ② 26 ③ 27 ④

28 다음 중 약한 나무를 보호하기 위하여 줄기를 싸주거나 지표면을 덮어주는 목적으로 사용하기에 가장 적합한 것은?

① 볏짚　　　② 밧줄　　　③ 새끼줄　　　④ 바크(bark)

> **해설** 바크(bark)
> 나무껍질을 잘게 부수어 고온에서 찌거나 발효시켜 만든 것이다.
> 배수가 잘되고 통기성이 좋아 땅속의 수분 증발을 억제하고 햇빛을 차단하여 잡초 생장을 억제한다.

29 다음 중 목재 접착시 압착의 방법이 아닌 것은?

① 도포법　　　② 냉압법　　　③ 열압법　　　④ 냉압 후 열압법

> **해설** 도포법
> 나무줄기에 여러 종류의 약제를 바르는 방제법. 수목 줄기를 통한 병원균의 침입, 여름철 직사광선에 의한 피소 현상, 해충의 이동 따위를 방지하기 위한 방법이다.

30 다음 중 모감주나무에 대한 설명으로 맞는 것은?

① 뿌리는 천근성으로 내공해성이 약하다.
② 열매는 삭과로 3개의 황색종자가 들어 있다.
③ 잎은 호생하고 기수1회 우상복엽이다.
④ 남부지역에서만 식재 가능하고 성상은 상록 활엽교목이다.

> **해설** 모감주나무는 염주나무로 불리며, 심근성 수중으로 공해에 강하며 열매는 꽈리형의 삭과이며 검정색이다. 서해안을 비롯한 해안가에 잘 자라며 성상은 낙엽활엽교목이다.

31 재료가 외력을 받았을 때 작은 변형만 나타내도 파괴되는 현상을 무엇이라 하는가?

① 취성　　　② 탄성　　　③ 인성　　　④ 소성

> **해설**
> • 탄성 : 외력을 받으면 재료가 변형이 생기고, 외력을 제거하면 원래 상태로 되돌아가는 성질
> • 인성(toughness) : 잡아당기는 힘에 견디는 성질. 재료가 외력을 받으면 변형은 생기지만 파괴가 되지 않는 성질
> • 소성 : 외력을 받으면 재료가 변형이 생겼다가 외력(탄성한계 이상의 힘)을 제거해도 원래 상태로 되돌아가지 않고 변형된 상태로 남는 성질
> • 강성 : 재료가 외력을 받으면 변형도 생기지 않고 파괴도 되지 않는 성질
> • 취성(brittle) : 재료의 역학적 성질의 일종. 여림. 부스러지기 쉬운 성질
> • 연성(ductile) : 가소성의 일종으로 탄성한계를 넘는 변형력으로도 물체가 파괴되지 않고 늘어나는 성질

정답　28 ④　29 ①　30 ③　31 ①

32 감탕나무과(Aquifoliaceae)에 해당하지 않는 것은?

① 호랑가시나무 ② 먼나무
③ 꽝꽝나무 ④ 소태나무

> **해설** 소태나무는 소태나무과이다. 나무껍질에 쓴맛을 내는 콰시인(quassin)성분을 함유하고 있어 매우 쓰다. 우리말에 '소태처럼 쓰다'란 말은 이것을 단적으로 표현한 것이다.

33 두 종류 이상의 제초제를 혼합하여 얻은 효과가 단독으로 처리한 반응을 각각 합한 것 보다 높을 때의 효과는?

① 독립효과 (Independent Effect) ② 부가효과 (Additive Effect)
③ 상승효과 (Synergistic Effect) ④ 길항효과 (Antagonistic Effect)

> **해설** 길항효과 (Antagonistic Effect)
> 어떤 현상에 두 요인이 동시에 작용할 때 서로 그 효과를 억제시켜 항상성을 유지하는, 생물체 내의 상쇄작용을 말한다. 즉, 어떤 물질의 작용이 다른 물질에 의해 저해 또는 억제되는 경우 양자를 서로 길항적이라고 하고, 이 작용을 길항작용(antagonism)이라고 한다. 또 이와 같은 저해 현상을 길항저해라고 하며, 상호 길항작용을 가지는 물질을 길항물질이라고 한다.

34 다음 중 차폐식재로 사용하기 가장 부적합한 수종은?

① 서양측백 ② 계수나무 ③ 호랑가시나무 ④ 쥐똥나무

> **해설** 계수나무는 줄기가 높게 올라가는 교목이다.
> ※ 차폐식재는 사생활 보호, 소음과 바람 차단, 그늘 제공 등을 위해 나무를 심어 공간을 분리하는 조경 기법이다. 적합한 수종은 다음과 같은 특징을 가져야 한다.
> ① 지하고가 낮고 지엽이 치밀한 수종
> ② 하부까지 잎이 빽빽하게 자라는 수종
> ③ 아랫가지가 말라 죽지 않는 상록수

35 다음 중 줄기의 색채가 백색 계열에 속하는 수종은?

① 노각나무 ② 모과나무 ③ 해송 ④ 자작나무

 정답 32 ④ 33 ③ 34 ② 35 ④

36 심근성 수종에 해당하지 않는 것은?

① 은행나무　　　② 현사시나무　　　③ 섬잣나무　　　④ 태산목

> **해설** 현사시나무는 포플러류로 천근성 수종에 해당한다.
> - 심근성 : 뿌리가 땅속 깊이 곧게 내려가며, 수분을 깊은 곳에서 흡수하여 가뭄에 강하고 바람에 덜 흔들림(풍해에 강함). 지반 고정력이 우수함
> - 천근성 : 뿌리가 지표면 근처로 넓게 퍼지는 형태, 바람에 쉽게 넘어질 수 있으며 가뭄에 취약하다. 다른 식물과 양분 경쟁 심함

37 식물병에 대한 [코흐의 원칙] 설명으로 틀린 것은?

① 병든 생물체에 병원체로 의심되는 특정 미생물이 존재해야 한다.
② 그 미생물은 기주생물로부터 분리되고 배지에서 순수배양 되어야 한다.
③ 순수 배양한 미생물은 동일 기주에 접종하였을 때 동일한 병이 발생되어야 한다.
④ 병든 생물체로부터 접종할 때 사용하였던 미생물과 동일한 특성의 미생물이 재분리 되지만 배양은 되지 않아야 한다.

> **해설** 코흐의 원칙
> 1. 병든 식물의 병징 부위에서 병원체를 찾을 수 있어야 한다.
> 2. 병원체는 반드시 분리되고 영양배지에서 순수배양되어 그 특성을 알아낼 수 있어야 한다.
> 3. 순수배양된 병원체는 병이 나타난 식물과 같은 종 또는 품종의 건전한 식물에 접종하였을 때 그 식물체에서와 똑같은 증상을 일으켜야 한다.
> 4. 병원체는 재분리하여 배양할 수 있어야 하며, 그 특성은 2와 같아야 한다.

38 다음 중 제초제 사용의 주의사항으로 틀린 것은?

① 비나 눈이 올 때는 사용하지 않는다.
② 될 수 있는 대로 다른 농약과 섞어서 사용한다.
③ 적용 대상에 표시되지 않은 식물에는 사용하지 않는다.
④ 살포할 때는 보안경과 마스크를 착용하며, 피부가 노출되지 않도록 한다.

> **해설** 농약의 장점은 다른 농약과 섞어서 사용할 수 있다는 것이지만 잘못 섞어서 사용할 경우 길항작용에 의해 농약의 효과를 상쇄시킬 수 있다.

정답 36 ②　37 ④　38 ②

39 투명도가 높으므로 유기유리라는 명칭이 있고 착색이 자유로워 채광판, 도어판, 칸막이판 등에 이용되는 것은?

① 아크릴수지　② 멜라민수지　③ 알키드수지　④ 폴리에스테르수지

> **해설** 아크릴수지
> 유기(有機)유리라고도 부르며, 유리 이상의 투명도가 있고 성형가공이 쉬우며, 보통 유리에 비하여 무게는 반이다. 각종 강도, 굳기, 열성은 작지만 물, 산, 알칼리에 강하고 유리 대신으로 쓰이는 경우가 많다.

40 다음 노박덩굴과(Celastraceae) 식물 중 상록 계열에 해당하는 것은?

① 노박덩굴　② 참빗살나무　③ 사철나무　④ 화살나무

> **해설** 상록수 : 식물학에서 연중 늘 푸른 잎을 지니는 식물
> • 노박덩굴 : 낙엽활엽덩굴
> • 참빗살나무 : 낙엽활엽소교목
> • 화살나무 : 낙엽활엽관목

41 배수공사 중 지하층 배수와 관련된 설명으로 옳지 않은 것은?

① 속도랑의 깊이는 심근성보다 천근성 수종을 식재할 때 더 깊게 한다.
② 큰 공원에서는 자연 지형에 따라 배치하는 자연형 배수방법이 많이 이용된다.
③ 암거배수의 배치형태는 어골형, 평행형, 빗살형, 부채살형, 자유형 등이 있다.
④ 지하층 배수는 속도랑을 설치해 줌으로써 가능하다.

> **해설** 속도랑은 심근성 수종을 식재할 경우 더 깊게 만든다.

42 다음 중 교목의 식재 공사 공정으로 옳은 것은?

① 수목 방향 정하기 → 구덩이 파기 → 물 죽쑤기 → 묻기 → 지주 세우기 → 물집 만들기
② 구덩이 파기 → 물 죽쑤기 → 지주 세우기 → 수목 방향 정하기 → 물집 만들기
③ 구덩이 파기 → 수목 방향 정하기 → 묻기 → 물 죽쑤기 → 지주 세우기 → 물집 만들기
④ 수목 방향 정하기 → 구덩이 파기 → 묻기 → 지주 세우기 → 물 죽쑤기 → 물집 만들기

 정답 39 ①　40 ③　41 ①　42 ③

43 평판측량의 3요소가 아닌 것은?

① 수평 맞추기[정준]　　　② 중심 맞추기[구심]
③ 방향 맞추기[표정]　　　④ 수직 맞추기[수준]

해설　평판측량의 3요소
　　・정준 : 평판을 평평하게 함
　　・구심 : 도상기계점과 지상기계점 일치시킴
　　・표정 : 방향을 일치시킴

44 다음 복합비료 중 주성분 함량이 가장 많은 비료는?

① 21-21-17　　② 11-21-11　　③ 18-18-18　　④ 0-40-10

해설　복합비료는 질소(N)-인산(P)-칼륨(K)의 순으로 함량을 나타낸다.
　　각 함량을 모두 더한 값이 가장 큰 21+21+17=59가 주성분 함량이 가장 많다.

45 수목의 가식 장소로 적합한 곳은?

① 차량 출입이 어려운 한적한 곳
② 배수가 잘되는 곳
③ 햇빛이 잘 안 들고 점질 토양인 곳
④ 거센 바람이 불거나 흙 입자가 날려 잎을 덮어 보온이 가능한 곳

해설　가식 장소는 햇빛이 잘 들고, 사질양토로서 배수가 양호한 곳이어야 하며, 가급적 배수시설을 설치한다.

46 수목의 잎 조직 중 가스 교환을 주로 하는 곳은?

① 책상조직　　② 엽록체　　③ 표피　　④ 기공

해설　기공(氣孔 stoma)
　　식물의 잎뒤에 주로 분포하는 기관. 공변세포 내부의 물의 양에 따라 열렸다 닫혔다 하면서 식물에서 일어나는 증산작용을 조절하거나 체내의 이산화탄소를 배출하고 산소를 흡수하기도 하며(호흡), 그 반대의 현상이 일어나기도 한다(광합성).

정답　43 ④　44 ①　45 ②　46 ④

47 다음 중 수목의 굵은 가지치기 방법으로 옳지 않은 것은?

① 톱으로 자른 자리의 거친 면은 손칼로 깨끗이 다듬는다.
② 잘라낸 부위는 아래쪽에 가지 굵기의 1/3 정도 깊이까지 톱자국을 먼저 만들어 놓는다.
③ 톱을 돌려 아래쪽에 만들어 놓은 상처보다 약간 높은 곳을 위에서부터 내리 자른다.
④ 잘라낼 부위는 먼저 가지의 밑동으로부터 10~15cm 부위를 위에서부터 아래까지 내리 자른다.

해설 아래쪽을 먼저 1/3 정도 자른 후 위를 자란다.

48 질소기아현상에 대한 설명으로 옳지 않은 것은?

① 미생물과 고등식물 간에 질소 경쟁이 일어난다.
② 미생물 상호간의 질소 경쟁이 일어난다.
③ 토양으로부터 질소의 유실이 촉진된다.
④ 탄질률이 높은 유기물이 토양에 가해질 경우 발생한다.

해설 질소기아현상
탄질비가 높은 유기물을 토양에 사용하여 공급한 질소를 유기물을 분해시키는 미생물이 먼저 이용하여 작물이 질소를 이용할 수 없게 되는 현상
- 탄질률이 높은 유기물이 토양에 가해질 경우 일시적으로 발생
- 미생물 상호 간은 물론 미생물과 고등식물 사이에 질소 경쟁이 일어난다.
- 미생물이 토양 중의 질소를 먼저 이용하므로 배수나 휘산에 의한 질소 손실을 막을 수 있다.

49 크롬산아연을 안료로 하고, 알키드 수지를 전색료로 한 것으로서 알루미늄 녹막이 초벌칠에 적당한 도료는?

① 광명단   ② 파커라이징
③ 그라파이트   ④ 징크로메이트

해설 알루미늄, 아연 철판 등 녹 방지용 도료로 쓰인다.

 정답 47 ④   48 ③   49 ④

50 공사의 실시 방식 중 공동 도급의 특징이 아닌 것은?

① 여러 회사의 참여로 위험이 분산된다.
② 이해 충돌이 없고 임기응변 처리가 가능하다.
③ 공사 이행의 확실성이 보장된다.
④ 공사의 하자 책임이 불분명하다.

51 공사원가에 의한 공사비 구성 중 안전관리비가 해당되는 것은?

① 간접재료비 ② 간접노무비
③ 경비 ④ 일반관리비

52 공원 행사의 개최 순서로 옳은 것은?

① 기획 → 제작 → 실시 → 평가
② 평가 → 제작 → 실시 → 기획
③ 제작 → 평가 → 기획 → 실시
④ 제작 → 실시 → 기획 → 평가

53 다음 중 측량의 3대 요소가 아닌 것은?

① 각측량 ② 거리측량 ③ 세부측량 ④ 고저측량

해설 측량의 3요소 : 거리, 방향(각), 고저차(높이)

54 비탈면의 녹화와 조경에 사용되는 식물의 요건으로 가장 부적합한 것은?

① 파종과 식재시기의 폭이 넓은 식물 ② 적응력이 큰 식물
③ 생장이 빠른 식물 ④ 시비 요구도가 큰 식물

해설 척박지에 잘 견딜 수 있어야 하며 주변 식물과 조화가 잘되고 번식과 생장이 빨라야 한다.

정답 50 ② 51 ③ 52 ① 53 ③ 54 ④

55 다음 중 원가계산에 의한 공사비의 구성에서 경비에 해당하지 않는 항목은?

① 안전관리비　　② 운반비　　③ 가설비　　④ 노무비

> **해설** 경비 항목
> 전력비, 운반비, 기계경비, 가설비, 특허권사용료, 기술료, 품질관리비, 안전관리비, 보험료, 외주가공비, 연구개발비, 복리후생비, 도서인쇄비, 보상비 등

56 잔디깎기의 목적으로 옳지 않은 것은?

① 잡초방제
② 잔디의 분얼억제
③ 이용 편리 도모
④ 병충해 방지

> **해설** 잔디짝기의 목적
> 잡초방제, 이용편리도모, 병충해 방지, 잔디 분얼촉진, 통풍양호 등

57 1차 전염원이 아닌 것은?

① 균핵　　② 난포자　　③ 분생포자　　④ 균사속

> **해설**
> • 1차 전염원 : 균사, 균핵, 자낭포자
> • 2차 전염원 : 분생포자, 유주자

58 살충제에 해당되는 것은?

① 베노밀 수화제
② 글리포세이트암모늄 액제
③ 페니트로티온 유제
④ 아시벤졸라에스메틸 · 만코제브 수화제

> **해설** ①④ 살균제, ② 제초제

59 주거지역에 인접한 공장부지 주변에 공장경관을 아름답게 하고 가스, 분진 등의 대기오염과 소음 등을 차단하기 위해 조성되는 녹지의 형태는?

① 차폐녹지　　② 완충녹지　　③ 차단녹지　　④ 자연녹지

> **해설** 완충녹지의 정의(도시공원 및 녹지등에 관한 법률 제35조제1항)
> 완충녹지는 대기오염, 소음, 진동, 악취, 그 밖에 이에 준하는 공해와 각종 사고나 자연재해, 그 밖에 이에 준하는 재해 등의 방지를 위하여 설치하는 녹지

정답 55 ④　56 ②　57 ③　58 ③　59 ②

60 조경현장에서 사고가 발생하였다고 할 때 응급조치를 잘못 취한 것은?

① 상해자가 발생 시는 관계 조사관이 현장을 확인 보존한 이후 전문의의 치료를 받게 한다.
② 기계의 작동이나 전원을 단절시켜 사고의 진행을 막는다.
③ 현장에 관중이 모이거나 흥분이 고조되지 않도록 하여야 한다.
④ 사고현장은 사고조사가 끝날 때까지 그대로 보존하여야 한다.

> **해설** 부상자가 발생한 경우에는 우선적으로 부상자에 대한 응급조치를 취한 다음, 연쇄사고 및 사고확대 방지를 위한 조치를 취한다.

정답 60 ①

2022년 제1회 CBT 복원문제

01 옥상정원의 환경조건에 대한 설명으로 적합하지 않은 것은?

① 토양수분의 용량이 적다.
② 토양온도의 변동폭이 크다.
③ 양분의 유실속도가 늦다.
④ 바람의 피해를 받기 쉽다.

해설 양분의 유실속도가 빠르다.

02 풍수에 영향을 받아 조경을 구성하였던 시대는?

① 조선 ② 고려 ③ 고구려 ④ 신라

해설 조선시대는 역대 정원 양식 중 가장 한국적 색채가 짙게 발달한 시대이다. 그 배후에는 '유교, 풍수지리, 음양오행사상'이 있으며 조선시대 중엽 이후 풍수지리설에 따른 지형적인 제약으로 인해 안채의 뒤쪽에 정원을 조성하는 후원이 발달하였다.

03 조경 제도 용품 중 곡선자라고 하여 각종 반지름의 원호를 그릴 때 사용하기 가장 적합한 물품은?

① 삼각자 ② 원호자 ③ T자 ④ 운형자

04 다음 중 조화(Harmony)의 설명으로 가장 적합한 것은?

① 서로 다른 것끼리 모여 서로를 강조시켜 주는 것
② 축선을 중심으로 하여 양쪽의 비중을 똑같이 만드는 것
③ 각 요소들이 강약, 장단의 주기성이나 규칙성을 가지면서 전체적으로 연속적인 운동감을 가지는 것
④ 모양이나 색깔 등이 비슷비슷하면서도 실은 똑같지 않은 것끼리 균형을 유지 하는 것

해설 ① 강조, ② 균형, ③ 율동

 정답 01 ③ 02 ① 03 ② 04 ④

05 중국 옹정제가 제위 전 하사받은 별장으로 영국에 중국식 정원을 조성하게 된 계기가 된 곳은?

① 원명원 ② 이화원 ③ 기창원 ④ 외팔묘

> 해설 원명원에는 서양식 건물 앞에 동양 최초의 프랑스식 정원을 꾸몄으며, 이는 윌리엄쳄버에 의해 영국에 최초 중국식 정원인 큐가든이 도입되는데 영향을 끼친다.

06 다음 중 휴게시설물로 분류할 수 없는 것은?

① 퍼걸러(그늘시렁) ② 평상
③ 도섭지(발 물놀이터) ④ 야외탁자

> 해설 도섭지는 무릎 정도 높이의 수심을 가진 수경시설이다.

07 움베르토 에코의 소설 '장미의 이름'에 나오는 건축양식은 무엇인가?

① 로코코양식 ② 바로크양식 ③ 베르사유양식 ④ 고딕양식

> 해설 오스트리아의 빈에서 약 90Km 떨어진 곳에 있는 도시 '멜크'에는 유럽 최고의 바로크 양식 건축물인 '멜크 수도원'이 있다.
> 건물의 화려함과 함께 이탈리아의 기호학자이며 철학자인 움베르트 에코의 추리소설 '장미의 이름(The Name of the Rose)'의 배경이 된 곳으로, 건물의 화려함과 웅장함, 섬세함이 돋보이는 곳이다.

08 영국인 Brown의 지도하에 덕수궁 석조전 앞뜰에 조성된 정원양식과 관계되는 것은?

① 빌라메디치 ② 보르비콩트정원
③ 분구원 ④ 센트럴파크

> 해설 보르비콩트 정원과 석조전 정원 모두 평면기하학식 정원이다.

09 다음 중 창경궁(昌慶宮)과 관련이 있는 건물은?

① 만춘전 ② 낙선재 ③ 함화당 ④ 사정전

> 해설 낙선재(樂善齋)는 1847년에(헌종13) 헌종의 서재 겸 휴식을 취하는 공간으로 지어진 창덕궁의 건물이다. 본래 이름은 '낙선당'이었으며, 창경궁에 속해 있었다. 정면 6칸, 측면 2칸의 단층 건물이다.

정답 05 ① 06 ③ 07 ② 08 ② 09 ②

10 메소포타미아의 대표적인 정원은?

① 베다사원　　　　　　　　② 베르사이유 궁전
③ 바빌론의 공중정원　　　　④ 타지마할 사원

> **해설**
> • 베다사원 – 인도(힌두교사원)
> • 베르사이유 궁전 – 프랑스
> • 바빌론의 공중정원 – 고대 서부아시아(메소포타미아)
> • 타지마할 사원 – 인도 아그라

11 조경 양식을 형태적으로 분류했을 때 성격이 다른 것은?

① 중정식　　　　　　　　② 회유임천식
③ 평면기하학식　　　　　④ 노단식

> **해설** 중정식, 평면기하학식, 노단식 : 서양 정원의 양식
> 회유임천식 : 동양 정원의 양식에 해당

12 조감도는 소점이 몇 개인가?

① 1개　　② 2개　　③ 3개　　④ 4개

> **해설** 조감도는 3점 투시로 소실점이 3개(좌, 우, 위)이다.
> ※ 소실점은 원근법에서 평행선이 멀리 갈수록 한 점에서 만나는 듯한 효과를 나타내는 점으로, 무한 원점에 해당한다. 이는 미술, 건축, 사진 등에서 입체감과 공간감을 표현하는 핵심 원리로 활용된다.

13 19세기 유럽에서 정형식 정원의 의장을 탈피하고 자연 그대로의 경관을 표현하고자 한 조경 수법은?

① 노단식　　② 자연풍경식　　③ 실용주의식　　④ 회교식

> **해설** 전원풍경식이라고도 하며 18세기 영국에서 그 이전까지의 직선적, 건축적인 정형식 정원에 반동하여 정원 그대로의 자연에 순응하는 자연식 조경으로 낭만주의적인 정원 양식이다.

정답 10 ③　11 ②　12 ③　13 ②

14 사적인 정원 중심에서 공적인 대중공원의 성격을 띤 시대는?

① 20세기 전반 미국
② 19세기 전반 영국
③ 17세기 전반 프랑스
④ 14세기 후반 에스파니아

> 해설 18세기에서 19세기에 이르는 산업혁명으로 영국의 귀족 소유 개인 별장들은 공공을 위한 대중공원의 성격으로 기부되어 오늘날에 이르고 있다.

15 공간구성 다이어그램에서 이루어지는 내용으로 틀린 것은?

① 동선체계 표현
② 설계원칙 추출
③ 설계의도 정리
④ 공간별 배치 및 상호관계

> 해설 공간구성 다이어그램
> 공간의 구성과 연계성, 공간별 설계의도, 동선 및 설계 방향을 개략적으로 나타낸 도면이다. 설계원칙은 공간구성 다이어그램 이전에 추출이 되어 있어야 한다.

16 오픈스페이스의 효용성과 가장 관련이 먼 것은?

① 도시 개발형태의 조절
② 도시 내 자연을 도입
③ 도시 내 레크레이션을 위한 장소 제공
④ 도시 기능 간 완충효과 감소

> 해설 오픈스페이스는 도시민에 개방된 휴식, 위락 등을 위한 개방 공간
> (예 : 도시공원, 각종 도시계획시설, 녹지 및 풍치지역)

17 조경계획 및 설계과정에 있어서 각 공간의 규모, 사용재료, 마감방법을 제시해 주는 단계는?

① 기본구상
② 기본계획
③ 기본설계
④ 실시설계

> 해설 기본설계
> 사업계획 및 기본방침, 대략의 공정, 시공법, 공사비 등 기본적인 내용을 작성하는 것으로 기초설계를 토대로 공사 시행 시 발생할 수 있는 문제점과 타 공사와의 연관성, 예산 확보 등을 검토하고 확인할 수 있다.

 정답 14 ②   15 ②   16 ④   17 ③

18 대형건물의 외벽 도색을 위한 색채계획을 할 때 사용하는 컬러샘플(Color sample)은 실제의 색보다 명도나 채도를 낮추어 사용하는 것이 좋다. 이는 색채의 어떤 현상 때문인가?

① 착시효과　　② 동화현상　　③ 대비효과　　④ 면적효과

해설 면적대비 : 면적이 크고 작음에 따라 색이 다르게 보이는 현상
- 면적이 커지면 명도와 채도가 높아진 것처럼 느껴져 색은 밝고 선명해 보이지만, 반대로 면적이 작아지면 색은 어둡고 탁해 보인다.
- 작은 견본으로는 정확한 색상 선택이 어려우므로 벽면과 같이 큰 면적의 색을 고를 때는 원하는 색상보다 약간 어둡고 탁한 색을 고르는 것이 좋다.

19 스프레이 건(Spray Gun)을 쓰는 것이 가장 적합한 도료는?

① 에나멜　　　　　　② 유성페인트
③ 수성페인트　　　　④ 래커

해설 래커나 합성수지도료 등 건조가 빠른 도료를 넓은 면적에 도포 할 경우에 사용된다.

20 블리딩 현상에 따라 콘크리트 표면에 떠올라 표면의 물이 증발함에 따라 콘크리트 표면에 남는 가볍고 미세한 물질로서 시공 시 작업 이음을 형성하는 것에 대한 용어는?

① Laitance　　　　　② Workability
③ Plasticity　　　　　④ Consistency

해설 레이턴스(Laitance)
약한 박막상이며, 이것을 제거하지 않고 새로운 콘크리트를 이어치기하는 경우, 이어치기의 강도가 저해되어 충분한 이어치기 강도를 얻을 수 없고 수밀성과 기밀성 등의 성능도 악화되는 결과가 초래된다.

21 유리의 주성분이 아닌 것은?

① 소다　　② 석회　　③ 수산화칼슘　　④ 규산

해설 유리는 특정한 융점을 갖지 않는 열가소성 재료로서 규산(석영), 탄산소다, 석회암이 주성분이다.

정답　18 ④　19 ④　20 ①　21 ③

22 주철강의 성질이 아닌 것은?

① 탄소 함유량이 3~3.6%이다.   ② 단단하여 주조하기가 힘들다.
③ 선철이 주성분이다.   ④ 내식성이 뛰어나다.

> **해설** 1.7% 이상의 탄소를 함유하는 철은 약 1,150℃에서 녹으므로 주물을 만드는 데 사용할 수 있으나, 이 중에서 탄소 함유량이 3.0~3.6%에 해당하는 것을 일반적으로 주철이라고 한다. 주철은 유동성이 양호하여 복잡한 형상의 제작에 이용된다.

23 아스팔트의 물리적 성질과 관련된 설명으로 옳지 않은 것은?

① 아스팔트의 연성을 나타내는 수치를 신도라 한다.
② 침입도는 아스팔트의 컨시스턴시를 침의 관입 저항으로 평가하는 방법이다.
③ 아스팔트에는 명확한 융점이 있으며, 온도가 상승하는 데 따라 연화하여 액상이 된다.
④ 아스팔트는 온도에 따른 컨시스턴시의 변화가 매우 크며, 이 변화의 정도를 감온성이라 한다.

> **해설** 아스팔트에는 명확한 융점이 존재하지 않으며, 온도가 상승함에 따라 액화하여 액상이 된다.

24 조경공사의 돌쌓기용 암석을 운반하기에 가장 적합한 재료는?

① 철근   ② 철망   ③ 쇠파이프   ④ 와이어로프

> **해설** 와이어로프
> 강철 철사(소선)를 여러 겹 합쳐 꼬아 만든 밧줄로, 높은 강도와 유연성을 가지고 있어 토목, 건축, 기계 등에 많이 쓰인다.

25 다음 중 수목을 기하학적인 모양으로 수관을 다듬어 만든 수형을 가리키는 용어는?

① 정형수   ② 형상수   ③ 경관수   ④ 녹음수

26 다음 중 상록용으로 사용할 수 없는 식물은?

① 마삭줄   ② 불로화   ③ 남천   ④ 골고사리

정답 22 ② 23 ③ 24 ④ 25 ② 26 ②

27 다음 수목 중 봄철에 꽃을 가장 빨리 보려면 어떤 수종을 식재해야 하는가?

① 말발도리　　② 자귀나무　　③ 매실나무　　④ 금목서

28 다음 수목 중 일반적으로 생장 속도가 가장 느린 것은?

① 네군도단풍　　② 층층나무　　③ 개나리　　④ 비자나무

> 해설　비자나무는 척박하고 건조한 곳을 매우 싫어하며, 내음성이 강하지만 생장은 아주 느린 편이다.

29 목재 접착에 이용되는 접착제로서 내수, 내구성적인 측면에서 품질이 가장 우수한 것은?

① 아교　　② 비닐계수지　　③ 페놀계수지　　④ 요소계수지

> 해설　페놀계 수지는 페놀과 포름알데히드를 주제로 한 합성수지로서 내구성, 내수성이 매우 뛰어나다.

30 목재의 건조 목적과 가장 관련이 없는 것은?

① 부패 방지　　② 사용 후의 수축, 균열 방지
③ 강도 증진　　④ 무늬 강조

> 해설　건조의 궁극적인 목적은 기건상태로 만들어 강도를 증진시키고 부패를 방지하는 것이다.

31 무너짐쌓기를 한 후 돌과 돌 사이에 식재하는 식물 재료로 가장 적합한 것은?

① 장미　　② 회양목　　③ 화살나무　　④ 꽝꽝나무

> 해설　돌 틈에 비옥한 토양을 채워 관목류, 화훼류, 야생초 등을 식재하면 토사유출을 방지하고 석정의 느낌을 부드럽게 완화 시킬 수 있는데, 주로 사용하는 관목류는 회양목, 철쭉 등이 있다.

32 귀룽나무(Prunus padus L.)에 대한 특성으로 맞지 않는 것은?

① 꽃과 열매는 백색 계열이다.　　② 원산지는 한국, 일본이다.
③ 장미과 식물로 분류된다.　　④ 생장속도가 빠르고 내공해성이 강하다.

> 해설　귀룽나무의 꽃은 백색 계열이고, 열매는 붉은색으로 열려 검은색으로 여문다.

정답 27 ③　28 ④　29 ③　30 ④　31 ②　32 ①

33 좋은 콘크리트를 만들려면 좋은 품질의 골재를 사용해야 하는데, 좋은 골재에 관한 설명으로 옳지 않은 것은?

① 납작하거나 길지 않고 구형이 가까울 것
② 골재의 표면이 깨끗하고 유해 물질이 없을 것
③ 굳은 시멘트 페이스트보다 약한 석질일 것
④ 굵고 잔 것이 골고루 섞여 있을 것

> 해설 골재의 강도는 콘크리트 중의 경화시멘트 페이스트의 강도 이상일 것

34 시멘트 액체 방수제의 종류가 아닌 것은?

① 비소계　　② 규산소다계　　③ 염화칼슘계　　④ 지방산계

35 콘크리트 단위중량 계산, 배합설계 및 시멘트의 품질 판정에 주로 이용되는 시멘트의 성질은?

① 분말도　　② 비중　　③ 응결시간　　④ 압축강도

> 해설 시멘트 비중은 시멘트의 밀도를 나타내는 물리적 특성으로, 일반적으로 3.14~3.16kg/m³ 범위에서 측정된다. 이는 콘크리트 배합설계와 품질관리에 중요한 기준이 되며, 시멘트의 풍화나 불순물 혼입 여부를 판단하는 데 활용된다.

36 조경 관리 업무를 수행함에 있어 도급 방식의 단점은?

① 인사 정체가 발생되기 쉽다.
② 인건비가 필요 이상으로 소요된다.
③ 업무가 타성화 된다.
④ 업무의 책임 소재가 불명확하게 된다.

> 해설 ①,②,③은 직영 방식의 단점에 해당한다.

정답　33 ③　34 ①　35 ②　36 ④

37 농약 취급 시 주의할 사항으로 옳지 않은 것은?

① 농약을 살포할 때는 방독면과 방호용 옷을 착용하여야 한다.
② 쓰고 남은 농약은 변질될 수 있으므로 즉시 주변에 버리거나 다른 용기에 담아둔다.
③ 피로하거나 건강이 나쁠 때는 작업하지 않는다.
④ 작업 중에 식사 또는 흡연을 금한다.

> **해설** 쓰고 남은 농약은 표시를 해두어 혼동하지 않도록 하고 서늘하고 어두운 곳에 농약 전용 보관 상자를 만들어 별도 보관한다.

38 석질재료의 특징에 관한 설명 중 틀린 것은?

① 외관이 매우 아름답다.
② 내구성과 강도가 크다.
③ 변형되지 않으며, 가공성이 있다.
④ 가격이 싸다.

> **해설** 석질재료의 장, 단점
>
> | 장점 | 단점 |
> |---|---|
> | • 외관이 매우 아름답다.
• 내구성과 강도가 크다.
• 변형되지 않으며, 가공성이 있다.
• 가공 정도에 따라 다양한 외양을 가질 수 있다.
• 산지에 따라 다양한 색조와 질감을 갖는다.
• 압축강도와 내화학성이 크고, 마모성은 작다. | • 무거워서 다루기 불편하다.
• 타 재료에 비해 가공성이 나쁘다.
• 비용이 많이 든다.
• 압축강도에 비해 휨강도, 인장강도가 작다.
• 불의 영향으로 균열 또는 파괴되기가 쉽다. |

39 측량에서 활용되며 정지된 평균해수면을 육지까지 연장하여 지구 전체를 둘러쌌다고 가상한 곡면은?

① 지오이드면　② 타원체면　③ 물리적지표면　④ 회전타원체면

> **해설** 지오이드면(Geoid Surface)
> 평균해수면을 육지까지 연장한 가상의 곡면으로, 중력 방향에 수직인 면이다. 바다에서는 평균해수면, 육지에서는 가상의 수로 수면으로 정의한다.

 정답　37 ②　38 ④　39 ①

40 조경 시설물의 관리 원칙으로 옳지 않은 것은?

① 여름철 그늘이 필요한 곳에 차광시설이나 녹음수를 식재한다.
② 바닥에 물이 고이는 곳은 배수시설을 하고 다시 포장한다.
③ 노인, 주부 등이 오랜 시간 머무는 곳은 가급적 석재를 사용한다.
④ 이용자의 사용 빈도가 높은 것은 충분히 조이거나 용접한다.

41 도로의 길어깨의 설치 목적으로 잘못된 것은?

① 긴급 구난시 비상 도로로 활용　　② 고장차의 대피
③ 도로의 주요 구조부의 보호　　　④ 고속도로 앞지르기시 통행에 이용

> **해설** 길어깨
> 도로의 주요 구조부를 보호하고 비상시 차량 대피, 유지관리 공간 제공 등을 위해 차도에 접속된 여유 공간을 의미한다. 도로법에서는 '길어깨'로, 도로교통법에서는 '갓길'로 구분된다.

42 표준품셈에서 수목을 인력시공 식재 후 주목을 세우지 않을 경우 인력품의 몇 %를 감하는가?

① 5%　　② 10%　　③ 15%　　④ 20%

> **해설** 인력시공시 식재품의 10%, 기계시공시 인력품의 20%를 감한다.

43 줄기와 같은 높이에서 서로 반대되는 방향으로 마주 자란 가지를 무엇이라 하는가?

① 도장지　　② 윤생지　　③ 평행지　　④ 대생지

> **해설** 대생지(對生枝)
> 수목 줄기의 같은 높이에서 마디마다 두 개씩 마주 붙어 서로 반대 방향으로 나는 가지

44 꽃이 진 후 바로 전정을 하면 다음해에 많은 꽃을 볼 수 있는 수종으로 짝지은 것은?

① 아까시나무, 동백나무　　② 태산목, 팽나무
③ 진달래, 철쭉　　　　　　④ 감나무, 명자나무

> **해설** 봄에 꽃이 피는 화관목류는 꽃이 진 직후에 전정을 하면 다음 해에 꽃을 볼 수 있다.

정답 40 ③　41 ④　42 ②　43 ④　44 ③

45 뿌리돌림은 현재의 생장지에서 적당한 범위로 뿌리를 절단하는 것을 말한다. 뿌리돌림에 관한 설명으로 틀린 것은?

① 한 장소에서 오랫동안 자랄 때 뿌리는 줄기로부터 상당히 떨어진 곳까지 뻗어 나가며, 잔뿌리는 그곳에 분포되어 있다.
② 제한된 뿌리분으로 캐서 이식할 경우 잔뿌리는 대부분 끊겨 나가고 굵은 뿌리만 남아 이식 활착이 어렵다.
③ 뿌리돌림을 하는 시기는 1년 내내 가능하고, 봄철보다 여름철이 끝나는 시기가 가장 좋으며, 낙엽수는 가을철이 적당하다.
④ 봄에 뿌리돌림을 한 낙엽수는 당년 가을이나 이듬 해 봄에, 상록수는 이듬 해 봄이나 장마기에 이식할 수 있다.

> **해설** 뿌리돌림은 봄의 해토 직후부터 생장이 가장 활발한 시기에 하는 것이 적합하며, 혹서기와 혹한기는 피하는 것이 좋다.
> 뿌리돌림은 이식기부터 적어도 6개월에서 3년 전에 실시하는 것이 보통이며, 가을이 봄보다 더 효과적이다. 가을에 뿌리돌림을 하면 지온이 낮아 미생물 활동이 저하되어 뿌리 절단 부위의 부패를 방지할 수 있고, 휴면 시기에 캘러스가 형성되어 상처가 아물기 때문이다.
> • 낙엽활엽수 : 잎이 핀 뒤보다 수액이 오르기 직전, 장마가 끝나고 신초가 굳어진 시기에 실시
> • 침엽수 및 상록활엽수 : 수액이 이동하기 시작할 무렵, 즉 눈이 움직이기 약 2주 전이 적기

46 잔디의 잡초방제를 위한 방법으로 부적합한 것은?

① 파종 전 갈아엎기
② 잔디 깎기
③ 손으로 뽑기
④ 비선택형 제초제의 사용

> **해설** 잔디밭에 비선택성 제초제를 사용하면 모든 식물을 고사시키므로 다른 제초제에 비해 더 많은 주의가 요구된다.

47 비금속재료의 특성에 관한 설명 중 옳지 않은 것은?

① 납은 비중이 크고 연질이며 전성, 연성이 풍부하다.
② 알루미늄은 비중이 비교적 작고 연질이며, 강도도 낮다.
③ 아연은 산 및 알칼리에 강하나 공기 중 및 수중에서는 내식성이 작다.
④ 동은 상온의 건조공기 중에서 변화하지 않으나 습기가 있으면 광택을 소실하고 녹청색으로 된다.

> **해설** 아연은 산과 알칼리에 약하고, 공기 중이나 수중에서의 내식성이 강하여 철재의 내식성 도금 재료로 많이 쓰인다.

 정답 45 ③ 46 ④ 47 ③

48 다음 중 차폐식재에 적용 가능한 수종의 특징으로 옳지 않은 것은?

① 지하고가 낮고 지엽이 치밀한 수종
② 전정에 강하고 유지 관리가 용이한 수종
③ 아랫 가지가 말라 죽지 않는 상록수
④ 높은 식별성 및 상징적 의미가 있는 수종

> **해설** 높은 식별성 및 상징적 의미가 있는 수종의 식재는 지표식재를 말한다.

49 농약 살포가 어려운 지역과 솔잎혹파리 방제에 사용되는 농약 사용법은?

① 도포법 ② 수간주사법 ③ 입제살포법 ④ 관주법

> **해설** 수간주사라는 말보다 나무주사라는 용어가 정확한 표현이다. 수간주사는 뿌리가 제 역할을 못하고 다른 시비 방법이 없을 때 그리고 빠른 수세 회복을 원할 때 제대로 실시하면 가장 확실한 시비 방법이다. 원칙적으로 미량원소를 투여할 때 쓰이는 방법인데 특히 철분과 아연의 결핍증을 치료 할 경우 가장 효과가 크다.
> 또한, 방제가 어려운 천공성해충, 소나무재선충, 솔잎혹파리, 대추나무빗자루병 등 병충해 방제에 사용된다.

50 900㎡의 잔디광장을 평떼로 조성하려고 할 때 필요한 잔디량은 약 얼마인가?

① 약 1,000매 ② 약 5,000매
③ 약 10,000매 ④ 약 20,000매

> **해설** 평떼 규격 : 30cm × 30cm
> 900m² ÷ (0.3 * 0.3) = 900 ÷ 0.09 = 10,000매

51 곰팡이에 의한 수목병이 아닌 것은?

① 소나무 시들음병 ② 잣나무 잎떨림병
③ 낙엽송 가지끝마름병 ④ 잣나무 털녹병

> **해설** 소나무 시들음병은 선충(소나무재선충)에 의한 수목병이다.

 정답 48 ④ 49 ② 50 ③ 51 ①

52 다음 중 천공성 해충이 아닌 것은?

① 소나무좀 ② 박쥐나방 ③ 노랑쐐기나방 ④ 미끈이하늘소

> 해설 천공성해충
> 나무 줄기나 가지를 뚫고 내부로 침입해 산란하거나 섭식하는 곤충으로, 수목의 쇠약화 및 고사를 유발한다.
> 소나무좀, 박쥐나방, 복숭아유리나방, 노랑애소나무좀, 향나무좀, 향나무하늘소, 솔수염하늘소, 벚나무사향하늘소, 알락하늘소, 뽕나무하늘소 등

53 미국흰불나방은 겨울철 어떤 상태로 월동하는가?

① 유충 ② 번데기 ③ 성충 ④ 알

> 해설 보통 연 2회 발생하며 수피 틈이나 지피물 밑에서 번데기로 월동한다. 성충은 5월 중순~6월 상순, 7월 하순~8월 중순에 나타나고, 유충은 5월 하순~6월 상순, 8월 상순~10월 상순에 나타나서 가해한다.

54 안전사고 방지대책에 대한 내용 중 옳지 않은 것은?

① 구조나 재질에 결함이 있으면 철거하거나 개량 조치를 한다.
② 공원은 휴양, 휴식시설이므로 안전사고는 이용자 자신의 과실이다.
③ 위험한 장소에는 감시원, 지도원을 배치한다.
④ 정기적인 순시 점검과 시설 이용을 관찰, 지도한다.

> 해설 공원 이용에 있어 발생한 안전사고는 이용자와 관리 행정당국이 함께 문제를 해결해야 한다.

55 먼셀의 색상환에서 BG는 무슨 색인가?

① 청록색 ② 연두색 ③ 남색 ④ 보라색

> 해설 먼셀의 10색상환
> • 기본색 : 빨강(R), 노랑(Y), 초록(G), 파랑(B), 보라(P)
> • 중간색 : 주황(YR), 연두(GY), 청록(BG), 남색(PB), 자주(RP)

정답 52 ③   53 ②   54 ②   55 ①

56 2.0B 벽두께로 표준형 벽돌쌓기를 실시할 때 기준량(㎡당)은?

① 195장 ② 224장 ③ 260장 ④ 298장

해설 1㎡당 벽돌량

구분	0.5B	1.0B	1.5B	2.0B
기존형 (210×100×60)	65	130	195	260
표준형 (190×90×57)	75	149	224	298

57 전정의 목적을 설명한 것 중 옳지 않은 것은?

① 희귀한 수종의 번식에 중점을 둔다.
② 미관에 중점을 둔다.
③ 실용적인 면에 중점을 둔다.
④ 생리적인 면에 중점을 둔다.

해설 수목 전정의 목적
- 경관성을 높이기 위해 불필요한 것을 잘라 주어 고유의 미적가치를 높임
- 여름철 태풍에 대비하여 수형을 축소 시키거나 생육 조절
- 가지와 잎의 통풍과 채광이 잘되게 하여 병충해 발생 억제
- 영양생장을 조정하고 생식생장으로 유도하여 개화와 결실 촉진
- 이식한 수목의 지상부와 지하부의 균형을 맞추어 수목의 활착 촉진
- 병충해 피해 또는 쇠약한 수목의 가지를 잘라 활력 재생

58 가지가 굵어 이미 찢어진 경우에 도복 등의 위험을 방지하고자 하는 방법으로 가장 알맞은 것은?

① 지주설치 ② 쇠조임(당김줄설치)
③ 외과수술 ④ 가지치기

해설 쇠조임
가지 수간의 약한 부분을 쇠막대 등으로 서로 연결하거나 다른 지주목에 연결하여 수목의 도복 부러짐 예방, 찢어졌거나 찢어질 가능성이 높은 가지에 조임 강봉을 설치하는 것.
1) 쇠막대나 철사를 이용하여 떨어진 가지를 붙이거나 스스로 지탱 능력이 없는 가지를 더 튼튼한 옆가지에 붙들어 매기 위한 방법
2) 수간이나 가지를 관통하여 분리된 부분을 보완하고 찢어진 부위 봉합
3) 고정장치는 형성층 아래부위에 설치
4) 내부가 부후된 가지나 줄기는 부후가 조임강봉 주변으로 확산되면서 지지력을 상실할 수 있기 때문에 다른 지지 시설 고려
5) 큰 가지나 내부에 결함이 있는 가지에는 줄기를 관통하는 철심, 볼트 사용

정답 56 ④ 57 ① 58 ②

59 도시공원의 식물 관리비 계산시 산출근거와 관련이 없는 것은?

① 식물의 수량   ② 식물의 품종
③ 작업률   ④ 작업 횟수

해설 수목의 관리비 = 작업률×식물의 수량×작업 횟수×작업 단가

60 다음 중 토양 통기성에 대한 설명으로 틀린 것은?

① 기체는 농도가 낮은 곳에서 높은 곳으로 확산작용에 의해 이동한다.
② 토양 속에는 대기와 마찬가지로 질소, 산소, 이산화탄소 등의 기체가 존재한다.
③ 토양생물의 호흡과 분해로 인해 토양 공기 중에는 대기에 비하여 산소가 적고 이산화탄소가 많다.
④ 건조한 토양에서는 이산화탄소와 산소의 이동이나 교환이 쉽다.

해설 농도가 높은 곳에서 낮은 곳으로 이동하는 현상은 확산입니다. 이는 농도 차이로 인해 물질이 균일하게 분포하려는 자연적 경향이다.

정답 59 ②   60 ①

2022년 제2회 CBT 복원문제

01 다음 중 정신 집중을 요구하는 사무공간에 어울리는 색은?

① 빨강　　　② 노랑　　　③ 난색　　　④ 한색

해설　따뜻한 색은 정열적이고 온화하며 친근한 느낌을 주지만, 차가운 색은 지적이고 냉철한 느낌을 준다. 업무공간에서는 차가운 한색이 어울린다.

02 조경계획 과정에서 자연환경 분석의 요인이 아닌 것은?

① 역사성　　② 기후　　　③ 식물　　　④ 지형

해설　역사성, 민족성, 종교, 정치 등은 인문환경 분석 요인이다.

03 고대 로마의 대표적인 별장이 아닌 것은?

① 빌라 투스카니　　　　② 빌라 감베라이아
③ 빌라 라우렌티아나　　④ 빌라 아드리아누스

해설　빌라 감베라이아는 매너리즘 양식의 대표적 빌라로써 후기 르네상스시대의 별장이다.

04 다음 중 조선시대 후원양식에 대한 설명 중 틀린 것은?

① 한국의 독특한 정원양식 중 하나이다.
② 괴석이나 세심석 또는 장식을 겸한 굴뚝을 세워 장식하였다.
③ 경주 동궁과 월지, 교태전 후원의 아미산원, 남원 광한루 등에서 찾아볼 수 있다.
④ 건물 뒤 경사지를 계단모양으로 만들어 장대석을 앞혀 평지를 만들었다.

해설　경주 동궁과 월지는 신라시대의 후원이고, 아미산원과 광한루는 조선시대의 후원이다.

정답　01 ④　02 ①　03 ②　04 ③

05 현대 도시환경에서 조경분야의 역할과 관계가 먼 것은?

① 자연환경의 보호 유지　　② 자연 훼손 지역의 복구
③ 기존 대도시의 광역화 유도　　④ 토지의 경제적이고 기능적인 이용계획

> **해설** 조경은 인공화, 획일화로 인하여 자연과의 불균형, 지역성의 상실, 휴먼스케일의 파괴가 일어나고 있는 현대 도시사회에서 인간에게 바람직한 환경디자인을 실현시키는 데 그 의의가 있다.

06 주택정원의 시설구분 중 휴게시설에 해당되는 것은?

① 벽천, 폭포　　② 미끄럼틀, 조각물
③ 정원등, 잔디등　　④ 퍼걸러, 야외탁자

> **해설** ① 수경시설, ② 유희시설, ③ 조경시설, ④ 휴게시설

07 기존의 레크리에이션 기회에 참여 또는 소비하고 있는 수요(需要)를 무엇이라 하는가?

① 잠재수요　　② 표출수요
③ 유효수요　　④ 유도수요

> **해설** 레크리에이션 수요 분석에는 잠재수요, 유도수요, 표출수요 등의 개념이 있다. 수요량 산정 방법으로는 표준 원단위 적용, 집중률, 가동률, 회전률, 버얼리 공식, 일방문객 추정법, 연방문객 추정법, 시계열 모델, 중력 모델, 요인분석 모델, 비교 추정법, 자동차 수 이용법, 만족점 추정법, 자원용량 산정법 등이 있다.

08 주변지역의 경관과 비교할 때 지배적이며, 특징을 가지고 있어 지표적인 역할을 하는 것을 무엇이라고 하는가?

① Nodes　　② Landmarks　　③ Vista　　④ Districts

> **해설** 랜드마크(Landmarks)
> 그 지역의 상징으로 삼고있는 대표적인 시설물, 쉽게 식별할 수 있는 개체

09 단독 주택 정원에서 일반적으로 장독대, 쓰레기통, 창고 등이 설치되는 공간은?

① 앞뜰　　② 뒤뜰　　③ 안뜰　　④ 작업뜰

정답 05 ③　06 ④　07 ②　08 ②　9 ④

10 자연 경관을 인공으로 축경화(縮景化)하여 산을 쌓고 연못, 계류, 수림을 조성한 정원은?

① 회유임천식　　② 중정식　　③ 전원풍경식　　④ 고산수식

해설　회유임천식(回遊林泉式)
일본 정원의 양식으로, 연못과 섬을 중심으로 다리를 연결해 주변을 회유하며 감상하는 특징을 가진다. 자연주의적 요소를 강조하며, 동양적 감성의 자연친화적 매력을 담고 있다.

11 중국 정원의 특징에 해당하는 것은?

① 침전조 정원　　② 직선미　　③ 정형식　　④ 태호석

해설　태호석(太湖石)
석회암이 용해(溶解)하여 기형(奇形)을 이룬 덩어리 돌로 정원이나 화분 등의 관상용으로 쓰이며, 중국의 태호(太湖) 지방에서 나는 것이 가장 기이하고 아름답다고 한데서 그 이름이 유래한다.

12 이탈리아 정원의 가장 큰 특징은?

① 노단건축식　　　　　　② 평면기하학식
③ 자연풍경식　　　　　　④ 중정식

해설　노단건축식
이탈리아 북부 지방에서 산악 지대이면서도 물이 풍부한 경사지를 이용하여 계단식으로 정원을 조성하고 분수나 벽천을 만들어 놓은 정원 양식이다. 대리석 따위를 이용하여 조각물이나 물 계단, 난간 등의 정원시설물을 장식하고 포도원 및 올리브원을 만든다. 르네상스 시대에 만들어져 발전하였다.

13 스페인의 코르도바를 중심으로 한 지역에서 발달한 정원 양식은?

① Atrium　　② Peristylium　　③ Patio　　④ Court

해설　파티오 : 건물로 둘러싸인 위쪽 천장이 없는 뜰

14 일본 정원에서 가장 중점을 두고 있는 것은?

① 조화　　② 대비　　③ 대칭　　④ 반복

해설　일본 정원은 자연과의 조화를 최우선으로 여겼다.

정답　10 ①　11 ④　12 ①　13 ③　14 ①

15 다음 중 아스팔트의 일반적인 특성 설명으로 옳지 않은 것은?

① 비교적 경제적이다.
② 점성과 감온성을 가지고 있다.
③ 물에 용해되고 투수성이 좋아 포장재로 적합하지 않다.
④ 점착성이 크고 부착성이 좋기 때문에 결합재료, 접착재료로 사용한다.

> **해설** 아스팔트는 원유를 정제한 뒤 남는 끈적거리고 검은 색의 점성을 가진 액체나 반고체 상태의 석유 화합물을 말한다. 물에 용해되지 않고 방수 용도와 도로 포장 시 역청재료로 사용된다.

16 타일의 동해를 방지하기 위한 방법으로 옳지 않은 것은?

① 붙임용 모르타르의 배합비를 좋게 한다.
② 타일은 소성온도가 높은 것을 사용한다.
③ 줄눈 누름을 충분히 하여 빗물의 침투를 방지한다.
④ 타일은 흡수성이 높은 것일수록 잘 밀착됨으로 방지효과가 있다.

> **해설** 흡수성이 높으면 수분 함유량이 높아지므로 동파의 위험성이 커진다.

17 목재 방부제로서의 크레오소트유(creosote 油)에 관한 설명으로 틀린 것은?

① 휘발성이 강하다.   ② 살균력이 강하다.
③ 페인트 도장이 힘들다.   ④ 물에 용해되지 않는다.

> **해설** 석탄같은 화석연료나 목재에서 얻은 타르를 열분해 및 증류하여 만드는 탄소계 화학물질의 혼합물로서 산업적으로는 목재가 썩지 않게 하는 보존재나 살균제 등으로 이용된다. 철도에 쓰이는 나무침목의 경우 크레오소트유로 방부 처리 하여 사용 한다.

18 다음 중 환경적 문제를 해결하기 위하여 친환경적 재료로 개발한 것은?

① 시멘트   ② 절연재   ③ 잔디블록   ④ 유리블록

> **해설** 잔디블록은 블록안에 잔디를 식재할 수 있는 환경친화적 포장재이다.

 정답 15 ③ 16 ④ 17 ① 18 ③

19 소나무 꽃의 특성에 대한 설명으로 옳은 것은?

① 단성화, 자웅동주　　② 단성화, 자웅이주
③ 양성화, 자웅동주　　③ 양성화, 자웅이주

> **해설**
> - 양성화 : 속씨식물의 생식기관인 꽃은 대부분 하나의 꽃 안에 암술과 수술이 함께 들어있는데 이를 양성화(두성화; bisexual flower)라고 한다. 양성화는 갖춘꽃이거나 아니면 꽃잎 혹은 꽃받침이 없지만 생식 기능이 있는 암술과 수술이 함께 들어 있는 꽃을 말한다.
> - 단성화 : 일부 꽃은 암술 혹은 수술만으로 이루어진 암꽃과 수꽃 2종류의 꽃을 피우기도 하는데, 이들을 단성화라고 한다.
> - 자웅동주 : 한 그루에 암꽃과 수꽃이 모두 존재하며, 대부분 양성화(한 꽃에 암술·수술 모두 있음)를 가진다.
> - 자웅이주 : 암꽃과 수꽃이 다른 개체에 피며, 단성화만 존재한다.

20 다음 중 주택 정원에 식재하여 여름에 꽃을 관상할 수 있는 수종은?

① 식나무　　② 진달래　　③ 능소화　　④ 수수꽃다리

> **해설** 식나무 : 3월 자색, 진달래 : 4월 자색, 수수꽃다리 : 4월 자색

21 다음 중 9월 중순~10월 중순에 성숙된 열매색이 흑색인 것은?

① 마가목　　② 남천　　③ 살구나무　　④ 생강나무

> **해설** 마가목, 남천 : 적색, 살구나무 : 황색

22 다음 [보기]가 설명하는 건설용 재료는?

> - 갈라진 목재 틈을 메우는 정형 실링재이다.
> - 탄성복원력이 적거나 거의 없다.
> - 일정 압력을 받는 섀시의 접합부 쿠션 겸 실링재로 사용되었다.
> - 페인트칠 작업 시 때움 재료로서 적당하다.

① 프라이머　　② 코킹　　③ 퍼티　　④ 석고

> **해설** ① 아스팔트 방수재료, ② 틈새 충전용 재료, ④ 방수제로 이용

정답 19 ①　20 ③　21 ④　22 ③

23 쇠망치 및 날메로 요철을 대강 따내고, 거친 면을 그대로 두어 부풀린 느낌으로 마무리 하는 것으로 중량감, 자연미를 주는 석재가공법은?

① 혹두기　　② 정다듬　　③ 도드락다듬　　④ 잔다듬

해설
- 정다듬 : 혹두기한 면을 정으로 비교적 고르고 곱게 다듬는 작업으로 거친다듬, 중다듬, 고운다듬으로 구분
- 도드락다듬 : 정다듬한 표면을 도드락 망치를 이용하여 1~3회 정도 두드려 곱게 다듬는 작업
- 잔다듬 : 외날망치나 양날망치로 정다듬면 또는 도드락다듬면을 일정 방향, 주로 평행하게 나란히 찍어 평탄하게 마무리하는 작업이며, 다듬횟수는 1~5회 정도이다.

24 시멘트의 강열감량(Ignition Loss)에 대한 설명으로 틀린 것은?

① 강열감량은 시멘트 중에 합유된 물(H_2O)과 이산화탄소(CO_2)의 양이다.
② 강열감량은 클링커와 혼합하는 석고의 결정수량과 거의 같은 양이다.
③ 강열감량은 시멘트에 약 1,000℃의 강한 열을 가했을 때의 시멘트 감량이다.
④ 시멘트가 풍화하면 강열감량이 적어지므로 풍화의 정도를 파악하는 데 사용된다.

해설 강열감량(Ignition Loss)
시료를 어떤 일정한 온도로 강열한 경우 감소되는 질량을 원래의 질량에 대한 백분율로 나타낸 값으로, 시멘트의 풍화도를 확인하는 척도로 쓰이며, KS규격에서는 3%로 규정하고 있다.

25 합성수지에 관한 설명 중 잘못된 것은?

① 기밀성, 접착성이 크다.
② 비중에 비하여 강도가 크다.
③ 착색이 자유롭고 가공성이 크므로 장식용 마감재에 적합하다.
④ 내마모성이 보통 시멘트콘크리트에 비교하면 극히 적어 바닥 재료로는 적합하지 않다.

해설 마모가 적고 탄력성이 커서 바닥 타일, 바닥 시트 등의 바닥 마감재로 쓰인다.

26 우리나라에서 식물의 천연분포를 결정짓는 가장 주된 요인은?

① 광선　　② 바람　　③ 온도　　④ 토양

정답 23 ①　24 ④　25 ④　26 ③

27 다음 중 공기 중에 환원력이 커서 산화가 쉽고, 이온화 경향이 가장 큰 금속은?

① Pb(납) ② Fe(철) ③ Al(알루미늄) ④ Cu(구리)

28 시멘트 제조 시 응결시간을 조절하기 위해 첨가하는 것은?

① 광재 ② 석고 ③ 점토 ④ 철분

해설 시멘트의 급결현상을 방지하기 위해 시멘트 제조 시 석고를 첨가한다.

29 미장재료에 속하는 것은?

① 페인트 ② 회반죽 ③ 니스 ④ 래커

해설 미장재료 : 모르타르, 회반죽, 벽토 등

30 조경재료 중 인공재료로 분류하기 힘든 것은?

① 태호석 ② 우드칩 ③ 인조석 ④ 슬레이트

해설 우드칩, 인조석, 슬레이트는 인조재료이며, 태호석은 중국 태호 지방에서 나는 자연석의 일종이다.

31 수목 해충의 잠복소를 설치하는 가장 적당한 시기는?

① 3월 하순경 ② 5월 하순경 ③ 7월 하순경 ④ 9월 하순경

해설 잠복소
월동을 위해 해충이 나무에서 땅 밑으로 내려오게 되는데 이때 해충이 겨울을 날 수 있도록 짚이나 새끼 등으로 나무 기둥쯤에 따뜻한 공간을 만들어주는 것으로 유인된 해충을 봄에 제거하여 태워버림으로써 그 속의 해충들을 제거하는 병충해 방제의 한 방법이며 겨울이 오기 전 가을에 설치한다.

32 나무가 쇠약해지거나 말라 죽는 원인이라 할 수 없는 것은?

① 생리적 노쇠 ② 양분의 결핍
③ 기상의 현상 ④ 토양 미생물의 왕성한 활동

해설 토양에 미생물이 많아지면 토질이 향상되어 뿌리 생육이 좋아진다.

정답 27 ③ 28 ② 29 ② 30 ① 31 ④ 32 ④

33 해충의 체(體) 표면에 직접 살포하거나 살포된 물체에 해충이 접촉되어 약제가 체내에 침입하여 독(毒) 작용을 일으키는 약제는?

① 유인제 ② 접촉살충제 ③ 소화중독제 ④ 화학불임제

해설 약제가 해충의 체벽(표피)에 접촉하여 체내로 침투함으로써 독작용을 나타내는 약제로 잔효력이 짧은 직접접촉독제(direct contact poison)와 잔효력이 긴 잔류성접촉독제(residual contact poison)으로 구분한다. 대부분의 살충제는 접촉독제에 속한다.

34 수목을 장거리 운반할 때 주의해야 할 사항이 아닌 것은?

① 병충해 방제 ② 수피 손상 방지
③ 분 깨짐 방지 ④ 바람 피해 방지

해설 수목 운반 도중 가지나 잎 또는 뿌리분이 손상되지 않도록 조치를 취해야 하며, 바람으로 인해 과도한 수분 증발과 부러짐을 방지하여야 한다.
병해충 방제는 생육 중 관리를 하여야 한다.

35 도시공원 녹지 중 수림지 관리에서 그 필요성이 가장 떨어지는 것은?

① 하예(下刈) ② 시비(施肥) ③ 제벌(除伐) ③ 병충해 방제

해설 하예(下刈) = 풀베기
조림목의 자람에 지장을 주는 잡초 또는 쓸모없는 관목을 제거하는 일

36 벽 뒤로부터의 토압에 의한 붕괴를 막기 위한 공사는?

① 기슭막이 ② 견치석쌓기 ③ 옹벽쌓기 ④ 호안공

37 콘크리트의 재료분리 현상을 줄이기 위한 방법으로 옳지 않은 것은?

① 플라이 애시를 적당량 사용한다.
② 세장한 골재보다는 둥근 골재를 사용한다.
③ 중량골재와 경량골재 등 비중차가 큰 골재를 사용한다.
④ AE제나 AE감수제 등을 사용하여 사용 수량을 감소시킨다.

해설 비중차가 크면 재료분리현상이 일어나 Cold Joint, 곰보 현상이 발생한다.

정답 33 ② 34 ① 35 ① 36 ③ 37 ③

38 다음 중 잡초의 특성으로 옳지 않은 것은?

① 재생 능력이 강하고 번식 능력이 좋다.　② 종자의 휴면성이 강하고 수명이 길다.
③ 생육 환경에 대하여 적응성이 작다.　　④ 땅을 가리지 않고 흡비력이 강하다.

> **해설** 잡초의 생리적 특성
> - 환경에 대해 적응성이 크다.
> - 재생 및 번식능력이 크다.
> - 종자의 휴면성이 높고, 수명이 길다.
> - 일식 적응력 및 군생 능력이 크다.
> - 종자의 다산성이 크고 발아에서 결실까지 일수가 짧다.

39 겨울철 제설을 위하여 사용되는 해빙염에 관한 설명으로 옳지 않은 것은?

① 염화칼슘이나 염화나트륨이 주로 사용된다.
② 장기적으로는 수목의 쇠락으로 이어진다.
③ 흔히 수목의 잎에는 괴사성 반점(점무늬)이 나타난다.
④ 일반적으로 상록수가 낙엽수보다 더 큰 피해를 입는다.

> **해설** 수목의 제설제 피해
> - 상록침엽수 : 잎 마름, 잎의 갈변, 조기낙엽 증상
> - 활엽수 : 잎의 가장자리가 타들어가고, 심하면 낙엽이 지거나, 눈이 더 이상 자라지 않고 가지가 죽는다. 염분이 토양에 집적되면 나무가 생장하는 초기보다는 6~8월 토양습도가 낮을 때 농도 증가로 피해가 나타나는 경우가 많다.

40 소나무 혹병의 환부가 4~5월경에 터져서 흩어져 나오는 포자는?

① 녹포자　　② 녹병정자　　③ 여름포자　　④ 겨울포자

> **해설** 소나무 혹병
> - 이종기생균으로 소나무에서 녹병정자와 녹포자를 형성하고 참나무류 등 중간기주의 잎에서 여름포자, 겨울포자, 담자포자를 형성한다.
> - 이 병으로 인해 나무가 고사하지는 않으나 강한 바람이나 폭설에 부러지기 쉽다.
> - 가지나 줄기에 혹을 형성하며 해마다 비대해져서 30cm 이상으로 자란다.
> - 12~2월에 혹의 표면에 황갈색 즙액(녹병정자)이 흘러나오고, 4~5월에 노란색 가루(녹포자)가 나타나서 중간기주인 참나무류로 이동한다.
> - 9~11월에 중간기주에서 날아온 담자포자가 소나무에 침입해 월동한다.

 정답 38 ③　39 ③　40 ①

41 다음 설명과 관련이 있는 잔디의 병은?

> • 17~22℃ 정도의 기온에서 습윤 시 잘 발생
> • 질소 비료 성분이 부족한 지역에서 발생하기 쉬움
> • 담자균류에 속하는 곰팡이로서 년2회 발생
> • 디니코나졸수화제를 살포하여 방제

① 흰가루병　② 잎마름병　③ 그을음병　④ 녹병

해설 잔디 녹병
- 잔디 잎에 연노랑색 반점이 생기고 황갈색 포자로 확산되는 곰팡이성 병해로, 5~10월에 발생하며 특히 9~10월에 집중된다. 한국잔디와 서양잔디 모두 감염되며, 습한 환경과 17~22℃ 기온에서 발병이 활발하다.
- 질소 과잉이나 결핍 모두 병 발생에 영향을 줄 수 있으므로, 균형 잡힌 비료 관리가 중요함.

42 조경공사에서 수목 및 잔디의 할증률은 몇 %인가?

① 1%　② 5%　③ 10%　④ 20%

해설 수목 등 식물 재료의 할증율은 10%

43 시공관리의 주요 계획 목표라고 볼 수 없는 것은?

① 우수한 품질　② 공사기간의 단축
③ 우수한 시각미　④ 경제적 시공

해설 시공의 4대 목표는 싸고, 안전하고, 빠르면서, 좋은 품질이다.

44 봄에 향나무의 잎과 줄기에 황색의 돌기가 형성되고 비가 오면 한천모양이나 젤리모양으로 부풀어 오르는 병은?

① 향나무 가지마름병　② 향나무 그을음병
③ 향나무 붉은별무늬병　④ 향나무 녹병

해설 향나무 녹병
잎과 가지에 발병하며 큰 피해를 주지는 않지만, 종종 굵은 가지가 말라 죽기도 한다. 이종기생균으로 향나무에서 겨울포자 세대를 보내고 배나무 등 장미과 수목에서 녹병정자와 녹포자 세대를 거친다. 2~3월경 잎, 가지 및 줄기에 암갈색 돌기(겨울포자퇴)가 형성된다. 4월에 비가 오면 겨울포자퇴가 부풀어서 오렌지색 젤리 모양이 되어 담자포자를 형성한다. 담자포자는 장미과 수목으로 옮겨간 후 녹병정자에 의한 중복감염이 이루어진다. 6~7월에 장미과 식물에서 만들어진 녹포자가 다시 향나무의 잎과 줄기 속으로 침입해 균사로 월동한다.

정답 41 ④　42 ③　43 ③　44 ④

45 예초기 작업 시 작업자 상호 간의 최소 안전거리는 몇 m 이상이 적합한가?

① 4m ② 6m ③ 8m ④ 10m

해설 예초기 작업시 안전수칙
- 예초기 작업에 적합한 보호구를 지급·착용
- 작업 시 충분한 안전공간(작업반경 10m 이상) 확보
- 날 접촉 예방장치가 설치되지 않은 예초기 사용금지
- 예초날 각도는 5~10°, 높이는 10cm 내외로 유지
- 예초작업은 오른쪽에서 왼쪽 방향으로 실시한다.(왼쪽 → 오른쪽으로 작업 시 백현상이 발생 가능)

46 곤충이 빛에 반응하여 일정한 방향으로 이동하려는 행동습성은?

① 주광성(Phototaxis) ② 주촉성(Thigmotaxis)
③ 주화성(Chemotaxis) ③ 주지성(Geotaxis)

해설 곤충의 행동 특성
- 주촉성 : 체표면적을 최대한 주변 물체에 접촉하려는 성질
- 주화성 : 곤충의 화학 물질에 대한 집합 혹은 도피작용
- 주지성 : 중력에 자극을 받아 유인되는 성질로 머리가 지면을 향하면 양성 주지성, 그 반대이면 음성 주지성이다.

47 수경시설(연못)의 유지관리에 관한 내용으로 옳지 않은 것은?

① 겨울철에는 물을 2/3 정도만 채워둔다.
② 녹이 잘 스는 부분은 녹막이 칠을 수시로 해준다.
③ 수중식물 및 어류의 상태를 수시로 점검한다.
④ 물이 새는 곳이 있는지의 여부를 수시로 점검하여 조치한다.

해설 급수구와 배수구의 막힘 여부는 수시로 점검하고, 겨울 동결 전에 물을 빼 연못에 가라앉았던 이물질을 제거하고 청소한다.

정답 45 ④ 46 ① 47 ①

48 수변의 디딤돌(징검돌)놓기에 대한 설명으로 틀린 것은?

① 보행에 적합하도록 지면과 수평으로 배치한다.
② 물의 순환 및 생태적 환경을 조성하기 위하여 투수 지역에서는 가벼운 디딤돌을 주로 활용한다.
③ 징검돌의 상단은 수면보다 15cm 정도 높게 배치한다.
④ 디딤돌 및 징검돌의 장축은 진행 방향에 직각이 되도록 배치한다.

> 해설 물의 순환 및 생태적 환경을 조성하기 위하여 투수 지역에서는 무거운 디딤돌을 주로 활용한다.

49 소나무류 가해 해충이 아닌 것은?

① 북방수염하늘소　　　　② 솔잎혹파리
③ 알락하늘소　　　　　　④ 솔수염하늘소

> 해설 알락하늘소는 버드나무, 감귤류(귤, 탱자, 유자 등), 배나무, 뽕나무, 석류나무, 멀구슬나무, 버즘나무, 삼나무, 참나무, 무화과나무 등이 기주식물로 알려져 있다.

50 다음 중 등고선의 성질에 관한 설명으로 옳지 않은 것은?

① 등고선 상에 있는 모든 점은 높이가 다르다.
② 등경사지는 등고선 간격이 같다.
③ 급경사지는 등고선의 간격이 좁고, 완경사지는 등고선 간격이 넓다.
④ 등고선은 도면의 안이나 밖에서 폐합되며 도중에 없어지지 않는다.

51 토양침식에 대한 설명으로 옳지 않은 것은?

① 토양의 침식량은 유거수량이 많을수록 적어진다.
② 토양유실량은 강우량보다 최대강우강도와 관계가 있다.
③ 경사도가 크면 유속이 빨라져 무거운 입자도 침식된다.
④ 식물의 생장은 투수성을 좋게 하여 토양유실량을 감소시킨다.

> 해설 우리나라의 토양 침식은 강우에 의한 침식이 대부분이며, 풍식은 해안, 도서 지역 및 고산지에서 국부적으로 발생한다. 강우에 의한 침식은 빗방울이 떨어질 때의 충격이나 빗물이 흐르는 힘에 의해 토양이 씻겨 내려가서 발생한다.
> 강우에 의한 침식은 비의 강도와 양(강우 인자, R), 토양의 종류(토양 인자, K), 경사의 기울기와 길이(지형 인자, LS), 지표의 피복 상태(식생 피복 인자, C), 토양 보전 방법(보전 관리 인자, P)에 따라 달라진다.

정답　48 ②　49 ③　50 ①　51 ①

52 다음 설계도면의 종류에 대한 설명으로 옳지 않은 것은?

① 입면도는 구조물의 외형을 보여 주는 것이다.
② 평면도는 물체를 위에서 수직 방향으로 내려다 본 것을 그린 것이다.
③ 단면도는 구조물의 내부나 내부공간의 구성을 보여 주기 위한 것이다.
④ 조감도는 관찰자의 눈높이에서 본 것을 가정하여 그린 것이다.

> **해설** 조감도
> 위에서 내려다보는 각도로 표현되는 그림으로 공간의 전체 구조와 주변 환경을 한눈에 파악할 수 있다.

53 다음 중 조경 수목의 꽃눈분화, 결실 등과 가장 관련이 깊은 것은?

① 질소(N)와 탄소(C) 비율
② 질소(N)와 인산(P) 비율
③ 탄소(C)와 칼륨(K) 비율
④ 인산(P)과 칼륨(K) 비율

> **해설** 탄질률 (탄소와 질소의 비율)
> 식물체에서 이용 가능한 탄수화물의 탄소에 대한 이용 가능한 질소의 비율. 값이 낮으면 영양 생장이 (뿌리, 줄기, 잎이 자라는 단계), 값이 높으면 생식 생장이(꽃이 피고 열매를 맺는 단계) 왕성하다.

54 형상수(Topiary)를 만들 때 유의 사항이 아닌 것은?

① 형상수를 만들 수 있는 대상 수종은 맹아력이 좋은 것을 선택한다.
② 망설임 없이 강전정을 통해 한 번에 수형을 만든다.
③ 전정 시기는 상처를 잘 아물게 하는 유합조직이 생기는 3월 중에 실시한다.
④ 수형을 잡는 방법은 통대나무에 가지를 고정시켜 유인하는 방법, 기준틀을 만들어 가지를 유인하는 방법, 가지에 전정만을 하는 방법 등이 있다.

> **해설** 형상수(토피어리)는 인공 수형으로 나무가 지니고 있는 원래의 생김새에 인위적인 손질을 가해 전혀 운치가 다른 수형을 만드는 것을 말한다.

55 다음 중 루비깍지벌레의 구제에 가장 효과적인 농약은?

① 페니트로티온 수화제
② 다이아지논 분제
③ 포스파미돈 액제
④ 옥시테트라사이클린 수화제

> **해설** 포스파미돈 액제는 사과나무의 진딧물과 소나무의 솔잎혹파리 및 솔껍질깍지벌레, 각종 수목의 루비깍지벌레를 방제하기 위한 나무 주사용 고독성농약이므로 주의해서 사용하여야 한다.

정답 52 ④ 53 ① 54 ② 55 ③

56 다음 중 건조지에 가장 잘 견디는 나무는?

① 낙우송　　② 능수버들　　③ 오리나무　　④ 가중나무

> 해설　① 낙우송, ② 능수버들, ③ 오리나무는 습지를 좋아하는 수종이며, 건조지 수종은 소나무, 향나무, 자작나무, 가중나무 등이 있다.

57 나무줄기가 옆으로 비스듬히 기울어진 수형을 무엇이라고 하는가?

① 사간　　② 곡간　　③ 직간　　④ 다간

> 해설
> - 곡간 : 원줄기가 좌우로 구부러지는 수형
> - 직간 : 원줄기가 위로 곧게 올라가는 수형
> - 다간 : 원줄기에서 줄기가 여러 개 갈라지는 수형

58 수준측량의 용어 설명 중 높이를 알고 있는 기지점에 세운 수준측량 눈금의 읽은 값을 무엇이라 하는가?

① 후시　　② 이기점　　③ 전시　　④ 중간점

> 해설　수준측량 용어
> - 후시 (BS) : 표고를 이미 알고 있는 지점에 세운 수준척의 읽은 값
> - 전시 (FS) : 표고를 구하려고 하는 지점에 세운 수준척의 읽은 값
> - 이기점 (TP) : 전시와 후시를 같이 취하는 점
> - 중간점 (IP) 어떠한 지반에 표고만을 알기 위해 수준척을 세운 점 (전시만 취한 점)
> - 지반고 (GH) : 어떠한 지반에 평균해수면에서부터 높이, 또는 기준면으로부터 높이

59 적심(摘心 : candle pinching)에 대한 설명으로 틀린 것은?

① 고정 생장하는 수목에 실시한다.
② 참나무과 수종에서 주로 실시한다.
③ 수관이 치밀하게 되도록 교정하는 작업이다.
④ 촛대처럼 자란 새순을 가위로 잘라 주거나 손끝으로 끊어준다.

> 해설　적심(순지르기)은 생장을 억제하는 전정으로 참나무과 수종은 뿌리가 심근성이고 녹음수로 사용하기 때문에 적심 작업이 필요하지 않다.

  56 ④　57 ①　58 ①　59 ②

60 다음 비탈면 보호를 위한 방법 중 식물 식재에 의한 보호 방법에 해당하지 않는 것은?

① 종자뿜어붙이기
② 격자틀 공법
③ 식생자루공법
④ 식생매트공법

해설 식물식재에 의한 비탈면 보호공법 종류
씨앗뿜어붙이기공, 식생 매트공, 식생 줄떼공, 줄떼공, 식생판공, 식생망태공, 부분 객토 식생공 등이 있다.

정답 60 ②

2022년 제3회 CBT 복원문제

01 도면작업에서 원의 지름을 표시할 때 숫자 앞에 사용하는 기호는?

① D　　② H　　③ R　　④ W

> **해설**
> - V : 용적(Volume)
> - H : 높이(Height)
> - THK : 두께(Thickness)
> - A : 면적(Area)
> - R : 반지름(Radius)
> - L : 길이(Length)
> - W : 폭(Width)
> - Wt : 무게(Weight)
> - D, ø : 지름(Diameter)

02 안정감, 포근함 등과 같은 정적인 느낌을 받을 수 있는 경관은?

① 파노라마경관　　② 위요경관
③ 초점경관　　　　④ 지형경관

> **해설** 경관의 유형에는 기본적(거시적) 경관과 보조적(미시적) 경관으로 나누어진다. 기본적 경관에는 전경관, 지형경관(랜드마크), 위요경관, 초점경관이 포함되며 보조적 경관에는 관개경관, 세부경관, 일시경관이 있다.
> - 전경관(파노라마 경관)
>   시야의 제한이 없이 멀리까지 트인 경관을 파노라마 경관이라고 한다. 초원, 수평선, 지평선과 같이 시야가 가려지지 않고 멀리 퍼져 보이는 경관이며 자연의 웅장함과 신비함을 느낄 수 있다.
> - 지형경관(천연미적 경관)
>   지형이 특징을 나타내고 관찰자가 강한 인상을 받는 지표가 된다. 지형지물이 경관에서 지배적인 위치를 지니는 경관이며 산봉우리, 절벽 등 주변 환경의 지표(랜드마크) 역할을 한다. 지형에 따라 신비함, 괴기함, 경외감 등 다양한 감정을 일으킨다.
> - 위요(圍繞)경관
>   평탄한 중심 공간에 숲이나 산이 울타리처럼 둘러싸인 경관을 말한다. 위요공간이 될 수 있는 조건은 시선을 끌 수 있는 낮고 평탄한 중심 공간, 중심 공간 주위에 둘러싸인 수직적 요소이며 주로 안정감, 포근함 등의 정적인 느낌을 주지만 경사도가 증가 할 경우 동적인 느낌이 증가한다.
> - 초점경관
>   관찰자의 시선이 한 초점으로 유도되도록 구성된 경관을 말한다. 폭포, 수목, 암석, 분수, 조각, 기념탑 등의 경관 요소가 초점의 역할을 하며 강한 시각적 통일성과 안정된 구도로 사람의 초점을 끌어 들이는 힘이 있다.

  정답　01 ①　02 ②

비스타(vista) 경관은 좌우로 시선이 제한되고 중앙의 한 점으로 시선이 모이도록 구성된 경관입니다.

※ 비스타(Vista 통경선)란?
관망할 수 있는 시점으로부터 내다보이는 곳을 대상으로 일정한 간격을 유지하면서 전망이 트인 끝까지 잘 보이도록 하고 그 부분에 해시계나 분수, 조각물 등의 첨경물과 낮은 1, 2년생 초화류의 기하학적 화문화단을 만들거나 상록수를 낮게 전정하여 관상하는 이로 하여금 실제 면적보다 넓고 길게 보이게 하는 수법이다. 서구의 프랑스 조경에서 많이 사용되고 있다.

03 잉크로 인쇄를 할 때 색의 삼원색이 아닌 것은?

① 청록색(Cyan)   ② 자홍색(Magenta)
③ 초록색(Green) ④ 노랑색(Yellow)

> **해설** 색의 3원색은 CMYK로, Cyan(청록), Magenta(자홍), Yellow(노랑), Black(검정)을 의미한다. 이는 인쇄물 제작 시 사용되는 감산혼합(물감이 빛을 흡수해 색을 표현) 원리에 기반하며, RGB(빨강, 초록, 파랑)는 빛의 가산혼합(빛을 합쳐 색을 표현)에 해당한다. CMY는 잉크 혼합으로 모든 색을 생성할 수 있으나, K(검정)는 잉크의 탁함을 보완하고 색상 정확도를 높이기 위해 추가된다.

04 조선시대 전기 조경관련 대표 저술서이며, 정원식물의 특성과 번식법, 괴석의 배치법, 꽃을 화분에 심는 법, 최화법(催花法), 꽃이 꺼리는 것, 꽃을 취하는 법과 기르는 법, 화분 놓는 법과 관리법 등의 내용이 수록되어 있는 것은?

① 동사강목   ② 양화소록   ③ 택리지   ④ 작정기

> **해설** 양화소록(養花小錄)
> 조선 세조 때 강희안(姜希顔)이 쓴 한국사 최초의 원예서로 강희안의 주관적 경험과 취향은 양화(養花) 부분에서 잘 드러나는데, 화분에서 재배하는 법부터 꽃을 빨리 피게 하는 법, 꽃이 싫어하는 것, 종자나 뿌리를 보관하는 법은 물론, 꽃에서 찾아야 할 것이나, 꽃을 기르는 뜻에 이르기까지, 스스로 화목을 재배하면서 터득한 내용을 기술하고 있으며, 화목을 키우면서 알게 되는 소소한 즐거움, 혹은 안타까움 등의 감정을 자신의 경험담을 곁들여 실감나게 표현하고 있다.

05 다음 중 왕과 왕비만이 즐길 수 있는 사적 정원이 아닌 곳은?

① 덕수궁 석조전 전정   ② 창덕궁 낙선재의 후원
③ 경복궁의 아미산   ④ 덕수궁 준명당의 후원

> **해설** 왕과 왕비 또는 궁녀들이 주로 사용하는 곳은 왕비의 생활공간 뒤에 있는 정원, 즉 후원이다. 경복궁의 아미산 정원은 왕비의 침전인 교태전의 후원을 일컫는 말이다.

정답 03 ③   04 ②   05 ①

06 다음 중 이탈리아의 정원 양식에 해당하는 것은?

① 평면기하학식 ② 노단건축식
③ 자연풍경식 ④ 풍경식

해설 노단건축식
이탈리아 북부 지방에서 산악 지대이면서도 물이 풍부한 경사지를 이용하여 계단식으로 정원을 조성하고 분수나 분천을 만들어 놓은 정원 양식이다. 대리석 따위를 이용하여 조각물이나 물 계단, 난간 등의 정원 시설물을 장식하고 포도원 및 올리브원을 만든다. 르네상스 시대에 만들어져 발전하였다.

07 오방색 중 오행으로는 목(木)에 당하며 동방(東方)의 색으로 양기가 가장 강한 곳이며, 계절로는 만물이 생성하는 봄의 색이고 인(仁)을 암시하는 색은?

① 적(赤) ② 황(黃) ③ 백(白) ④ 청(靑)

해설 오방색(五方色)은 오행의 방위에 따른 색이다.
- 파랑 : 청(靑), 목(木), 동쪽
- 빨강 : 적(赤), 화(火), 남쪽
- 노랑 : 황(黃), 토(土), 중앙
- 하양 : 백(白), 금(金), 서쪽
- 검정 : 흑(黑), 수(水), 북쪽

08 다음 식에서 A에 해당하는 것은?

> 용적율＝A / 대지면적

① 평균층수 ② 1호당면적 ③ 건축연면적 ④ 건축면적

해설 용적률(容積率)은 건축 용어로 전체 대지면적에 대한 건축물 연면적(용적)의 비율을 뜻하며 백분율로 표시한다. 용적률이 높을수록 건축할 수 있는 연면적이 많아져 건축밀도가 높아진다.
※ 건폐율＝(건축면적/대지면적)＊100

 정답 06 ② 07 ④ 08 ③

09 다음 일본의 조경 양식별 대표작에 대한 설명으로 잘못된 것은?

① 평안시대 동삼조전은 침전식 양식이다.
② 겸창시대 서방사는 축경식 양식이다.
③ 실정시대 대선원, 용안사 정원은 고산수식 양식이다.
④ 강호시대 계리궁은 회유식 양식이다.

해설 겸창(가마쿠라)시대 서방사 정원은 회유 임천식 양식이다.

10 다음 중 고대 이집트 무덤인 사자의 정원에 설치되지 않았던 것은?

① 사각형의 연못
② 수목의 열식
③ 키오스크
④ 원형 분수

해설 분묘(사자)의 정원 특징
높은 울담의 사각공간을 갖는 정형적인 형태로 입구에는 탑문(Pylon) 설치하였다.
- 울담의 내부에는 수분공급이 쉽게 수목 열식(시커모어, 대추야자)
- 죽은 자를 나무 그늘 아래에서 쉬게 하는 풍습으로 종려, 아까시나무, 무화과, 포도나무, 석류나무 등을 식재 하였다.
- 관목, 화훼류 등을 화단이나 화분에 식재하여 원로에 배치하였다.
- 정원의 주요부에 사각형의 연못을 조성하고 키오스크를 설치하였다.

11 다음 중 직선과 곡선을 이용하여 만든 지당은?

① 경복궁 경회루
② 경복궁 향원지
③ 창덕궁 부용지
④ 경주 안압지

해설 경주 안압지 : 남서쪽은 직선, 북동쪽은 곡선으로 호안이 이루어짐
- 경복궁 경회루 : 직선, 방지방도형
- 창덕궁 부용지 : 직선, 방지원도형

정답 09 ② 10 ④ 11 ④

12 안압지(동궁과 월지)에 대한 설명 중 틀린 것은?

① 당나라 때 금원을 본 따 석가산을 쌓았는데 이는 중국의 무산 12봉을 본딴 것으로 추정된다.
② 안압지는 전체면적이 약 5,100평으로 마치 바다를 느낄 수 있도록 만들었다.
③ 3개의 인공섬으로 축조 되었으며, 그 중 하나는 거북이 모양을 본딴 것이다.
④ 문무왕 14년에 궁내에 연못을 파고 석가산을 축조했다는 사실이 삼국유사에 실려 있다.

> **해설** 동궁과 월지(안압지)
> 674년(문무왕 14) 경상북도 경주시 인왕동에 신라 왕궁의 별궁으로 동궁 안에 창건된 전궁(殿宮)터로 기록은 삼국사기, 동사강목에 수록되어 있다.

13 다음 정원 중 시대적인 순서가 맞게 된 것은?

① 임류각 → 궁남지 → 석연지 → 포석정
② 임류각 → 석연지 → 궁남지 → 포석정
③ 궁남지 → 임류각 → 석연지 → 포석정
④ 궁남지 → 석연지 → 임류각 → 포석정

> **해설** 시대 변천
> • 임류각 : 백제 동성왕 22년 (500년)
> • 궁남지 : 백제 무왕 35년 (634년)
> • 석연지 : 신라 성덕왕 19년 (720년)
> • 포석정 : 신라 경애왕 (927년) 잔치 기록이 남아 있음

14 다음 중 곡수연이 발달한 시대는?

① 고려   ② 조선   ③ 통일신라   ④ 백제

> **해설** 통일신라시대 동궁과 월지(안압지)가 대표적인 예이다.

15 고려시대에 궁궐의 정원을 담당하던 기관은?

① 내원서   ② 상림원   ③ 장원서   ④ 원야

> **해설** 궁궐 정원 담당 기관
> • 내원서 : 고려시대, 상림원 : 조선 초기, 장원서 : 조선 후기

 정답 12 ④   13 ①   14 ③   15 ①

16 다음 중 자연식 정원이 아닌 것은?

① 덕수궁 석조전   ② 창덕궁 후원
③ 담양 소쇄원   ④ 부용동 정원

> **해설** 덕수궁 석조전
> • 프랑스 정형식 정원(우리나라 최초의 정원) : 침상원-1910년
> • 1900년대 우리나라 최초의 서양식 건물(덕수궁)
> • 이오니아식(브라운 의뢰, 하딩이 설계)

17 자미화(紫薇花)란 무엇인가?

① 목련   ② 배롱나무   ③ 장미   ④ 석류

> **해설** 식물명 별칭
> • 무궁화 : 목근화, 연 : 부거, 목련 : 목필화, 동백 : 산다화

18 다음 중 조선시대 방지원도 수법에 사용된 사상은?

① 풍수지리   ② 무속신앙   ③ 음양오행설   ④ 신선사상

> **해설** 방지원도 수법
> • 천원지방(千圓地放) : 하늘을 둥글고(양), 땅은 네모나다(음). 연못 속의 둥근 섬은 하늘이고, 네모난 연못은 땅이다.

19 다음에 들어갈 말의 순서가 옳은 것은?

> 연못을 정할 때 (　　　)을 고려하여 방지원도로 축조되었으며, 묘지를 정할 때는 (　　　)을 고려하여 좌청룡, 우백호로 했고, 택지 등은 (　　　)에 의해 입지를 선택했다.

① 신선설, 음양오행설, 풍수지리설
② 신선설, 풍수지리설, 음양오행설
③ 음양오행설, 풍수지리설, 신선설
④ 불교, 토테미즘, 풍수지리설

> **해설** 한국의 전통사상
> • 연못 : 음양오행설, 신선설
> • 묘지 : 풍수지리설, 음양오행설(좌향)
> • 택지 : 풍수지리(음택, 양택)

정답　16 ①　17 ②　18 ③　19 ①

20 조선시대 후기의 궁궐 정원을 관장하던 기관은?

① 장원서　　　② 내원서　　　③ 사선서　　　④ 상림원

21 조선시대 정원수에 대한 설명이 아닌 것은?

① 주로 활엽수를 심었다.　　② 열매를 볼 수 있는 수종을 심었다.
③ 화목류를 심었다.　　　　④ 우리나라 고유 수종을 심었다.

> **해설** 조선시대 정원수(조경식물)
> • 사절우 : 유교적 배경, 수심양성(매화, 소나무, 국화, 대나무)
> • 사군자 : 매, 난, 국, 죽
> • 국화, 버드나무, 복숭아나무 식재 : 도연명의 안빈낙도
> • 대나무, 오동나무 : 태평성대
> • 꽃을 보기 위한 화목류가 위주

22 중국 정원에서 가장 강조된 것은?

① 조화　　　② 차경　　　③ 형태　　　④ 대비

> **해설** 중국 정원의 특징
> • 자연 경관이 수려한 곳에 인위적으로 암석과 수목 배치(심산유곡)
> • 태호석을 이용한 석가산 수법(소주와 북경의 정원)
> • 경관의 조화보다는 대비에 중점

23 우리나라 조경 문화에서 나타나는 한국미의 특징은?

① 장엄한 스케일과 수직, 수평적 안정감을 나타낸다.
② 섬세하고 정교한 기능적 아름다움을 표현 하였다.
③ 자연을 인위적으로 이용하여 창출한 아름다움을 표현했다.
④ 소박한 형태나 색채의 친근감을 느끼게 하는 아름다움을 표현하였다.

> **해설** 한국미의 특징
> • 소박한 형태나 색채의 친근감을 느끼게 하는 미

정답 20 ①　21 ②　22 ④　23 ④

24 중국 명나라 소주에 있는 정원은?

① 졸정원　　② 작원　　③ 만유당　　④ 옥연정

> 해설　소주 4대 명원 : 졸정원, 유원, 창랑정, 사자림

25 일본 정원에서 고산수식이 유행했던 시대는?

① 모모야마시대
② 에도시대
③ 무로마치시대
④ 가마쿠라시대

> 해설　고산수식 정원
> - 무로마치시대(실정시대)
>   - 축산고산수정원 : 14세기, 정토사상, 신선사상, 초기적 수법. 식물 소량 사용.
>   - 평정고산수정원 : 15세기 후반, 축산고산수에서 더 나아가 초감각적 무의 경지 표현. 식물사용이 거의 없고 왕모래와 15개 정원석으로 꾸밈.

26 음수전 설계 시 어린이용과 성인용의 높이로 적절한 것은?

① 0~40cm, 35~45cm
② 40~45cm, 60~70cm
③ 35~45cm, 65~80cm
④ 35~50cm, 65~75cm

27 G. Eckbo는 새로운 정원형태를 4가지로 분류하였다. 다음 중 이에 해당하지 않는 것은?

① 자연적 정원
② 정형식 정원
③ 자연적-구조적 정원
④ 기하학적-구조적 정원

> 해설　에크보의 정원형태 4가지
> - 기하학적-구조적 정원 : 기하학적 골격이 주가 되고 식물 재료는 부차 요소
> - 기하학적-자연적 정원 : 구조적 골격이 지배적이지만 식물 재료나 다른 자연적 요소가 중요한 역할을 하는 것
> - 자연적-구조적 요소 : 식물 재료, 바위, 물 혹은 지형이 지배적이지만 분명히 기하학적 구성감이 있는 것
> - 자연적 정원 : 자연적 요소와 재료가 지배적이고 다른 인위적인 형태나 골격이 명백히 드러나지 않는 것

정답　24 ①　25 ③　26 ③　27 ②

28 조경설계 기준에서 높이 2m가 넘는 계단에는 몇 m마다 당해 계단의 유효폭 이상의 폭으로 계단참을 두는가?

① 1m ② 2m ③ 3m ④ 4m

해설 2m가 넘는 계단에는 2m마다 당해 계단의 유효폭 이상의 계단참을 둔다. 계단의 경사는 최대 30~35°가 넘지 않도록 해야 한다.
단 높이를 H, 단 너비를 B로 할 때 2H+B=60~65cm가 적당하다.
진행 방향에 따라 중간에 1인용일 때 단 너비 90~110cm 정도의 계단 참을 설치한다.

29 경관 구성에 있어서 축(axis)에 대한 설명 중 틀린 것은?

① 축은 질서와 통일감을 주는 인위적인 계획선이다.
② 축은 공간 속의 두 점 또는 그 이상이 연결되어 이루어진 직선계획이다.
③ 축이 시각적 힘을 가지기 위해서는 축의 양쪽 끝이 종결되어야 한다.
④ 특별한 시각적 관심을 끌 만한 대상이 있을 때 강력한 축이 형성되면 세부적인 아름다움이 생기게 된다.

해설 축(Axis) 설정
강력한 축이 형성되면 세부적인 아름다움보다 전체적인 틀에서 강한 비스타가 형성됨

30 포장된 경사로(ramp)에 대한 설명 중 틀린 것은?

① 휠체어 이용자가 통행할 수 있는 경사로의 유효폭은 120㎝ 이상으로 한다.
② 일반적으로 장애인 등의 통행이 가능한 경사로의 종단기울기는 1/18 이하로 한다.
③ 높이차가 90㎝를 넘는 경우는 중간에 계단참을 설치한다.
④ 바닥은 미끄러지지 않은 재료를 사용해야 한다.

해설 포장된 경사로
- 높이차가 75cm를 넘거나 연속 경사로인 경우 길이 30m 마다 1.5m*1.5m 이상의 수평면으로 된 참을 설치할 수 있다.
- 기울기
  - 장애인 등의 통행이 가능한 경사로 종단기울기는 1/18(혹은 8%)로 함. 다만, 지형 조건이 합당하지 않을 경우 1/12까지 완화 가능
- 유효폭
  - 휠체어 사용자가 통행할 수 있는 경사로 유효폭은 120cm 이상
  - 보행자와 휠체어가 함께 통행하는 경우 150cm 이상
  - 휠체어 2대가 동시에 통행하는 경우 180cm 이상의 유효폭이 필요

정답 28 ② 29 ④ 30 ③

31 도시공원 및 녹지 등에 관한 법률에서 녹지의 점용허가를 받아야 하는 행위가 아닌 것은?

① 토지의 형질변경
② 물건의 적재 및 적치
③ 산림의 간벌
④ 녹지조성에 필요한 시설외의 시설 및 건축물 또는 공작물을 설치하는 행위

해설 녹지점용허가(도시공원 및 녹지 등에 관한 법률)사항
1. 녹지조성에 필요한 시설외의 시설 및 건축물 또는 공작물을 설치하는 행위
2. 토지의 형질변경
3. 수목의 벌채 및 재식
4. 토석채취
5. 물건의 적재 및 적치

32 그늘을 이용하는 녹음 수종으로 가장 적당한 것은?

① 붉나무
② 단풍나무
③ 목련
④ 백합나무

해설 녹음 수종의 조건
1. 교목이고 수관이 큰 것
2. 지하고가 높은 것
3. 낙엽교목이 바람직함
4. 가급적 큰 잎이 달리는 것
5. 악취나 가시, 병충해 피해가 없거나 적은 나무
6. 답압, 훼손에 강한 나무
※ 종류 : 느티나무, 버즘나무, 가중나무, 은행나무, 벽오동, 백합나무, 이팝나무, 칠엽수, 벚나무, 회화나무, 층층나무, 팽나무 등

정답 31 ③ 32 ④

33 방풍효과에 대한 설명 중 바르지 못한 것은?

① 방풍효과가 미치는 범위는 수림의 높이와 밀도에 비례한다.
② 수고의 3~5배에 해당하는 지점에서 65%의 바람 감소 효과가 있다.
③ 방풍림의 구조상 수림대의 길이가 수고의 12배 이상 필요하다.
④ 방풍림의 효과는 수고 아래쪽이 위쪽보다 크다.

> **해설** 방풍식재
> 1. 식재에 의한 방풍효과
>   - 방풍효과가 미치는 범위는 수림의 높이와 비례한다.
>   - 감속량은 수림의 밀도에 비례한다.
>   - 바람 위쪽 : 수고의 6~10배, 바람 아래쪽 : 수고의 25~30배까지 영향 미침
>   - 수고의 3~5배에 해당하는 지점에서 가장 효과 크다(65% 감소시킴)
> 2. 방풍림의 구조
>   - 1.5~2.0m의 간격을 가진 정삼각형 식재로 조성하는 것이 적당
>   - 5~7열의 수열을 이루게 하고, 10~20m의 너비를 갖게 함
>   - 수림대의 길이가 수고의 12배 이상 필요함
>   - 수림대의 배치는 주풍과 직각에 되게 배치함
>   - 수림 : 50~70%, 산울타리 : 45~55% 정도의 밀폐도가 적당
> 3. 방풍식재 수종 선정기준
>   - 심근성(접시분)이고, 줄기나 가지가 바람에 강한 수종
>   - 지엽이 밀생한 상록수가 바람직함
>   - 일반적으로 속성수나 침엽수는 줄기나 가지가 꺾어지기 쉬움
>   - 방풍용 산울타리는 1~3열 식재하여 높이 2~3m 정도로 가꿈

33 고속도로 인터체인지(IC) 식재율은 어느 정도가 알맞은가?

① 3%   ② 8%   ③ 15%   ④ 20%

> **해설** 고속도로 조경의 식재율
>   • 인터체인지 : 5~10%   • 휴게소 : 7~10%   • 주차장 : 7~15%

34 교목의 생육 환경을 위해 일반적으로 지하수위는 지표로부터 어느 정도의 깊이로 유지하는 것이 좋은가?

① 0.5 ~ 1.0m   ② 1.5 ~ 2.0m   ③ 4.0 ~ 4.0m   ④ 5.0m 이상

> **해설** 식물 생육환경에 적합한 지하수위 깊이
>   • 교목 : 1.5m 이상, 관목 : 1.0m 이상, 초본, 잔디 : 0.6m 이상

정답 33 ①   33 ②   34 ②

35 다음 중 학명이 틀린 것은?

① 능수버들 : Salix babylonica
② 배롱나무 : Lagerstroemia indica
③ 삼나무 : Cryptomeria japonica
④ 사철나무 : Euonymus japonica

해설 능수버들 : Salix pseudolagiogyne

36 Bosque가 존재함으로써 두드러지게 강조되는 것은?

① 방사 ② 축(Axis) ③ Vista ④ Contrast

해설 보스케(Bosque)
프랑스 평면기하학에서 나타나는 정형식 식재의 한 종류로서 '총림'이라고 함.
평지의 땅에 대규모의 단일 수종을 식재함에 따라 입면적인 요소가 형성되고 Vista(통경선)이 형성된다.

37 천이(succession)의 순서가 맞는 것은?

① 나지 → 1년생초본 → 다년생초본 → 음수관목 → 양수관목 → 음수교목
② 나지 → 1년생초본 → 다년생초본 → 음수교목 → 음수관목 → 양수교목
③ 나지 → 다년생초본 → 1년생초본 → 양수관목 → 음수교목 → 양수교목
④ 나지 → 다년생초본 → 1년생초본 → 음수교목 → 양수관목 → 양수교목

해설 천이(Succession)
어떤 원인에 의해 형성된 맨땅을 그대로 방치하면 초본류의 군락이 형성된다. 몇 년 후에는 관목 군락이 되고, 다시 양수림으로 바뀌며 이곳에 음수가 침입하여 최후에는 그 지방의 기후조건과 평형을 이룬 음수림이 된다.

38 다음 중 수형과 수종이 잘못 연결된 것은?

① 원주형 - 무궁화, 양버들
② 우산형 - 매화, 복숭아나무
③ 선형 - 반송, 수국
④ 원추형 - 가이즈까향나무, 섬잣나무

해설 반송, 수국 : 구형

 정답 35 ① 36 ③ 37 ① 38 ③

39 조경 수목은 가을이 되면 다양한 색상의 단풍이 들게 된다. 다음 중 붉은 단풍이 드는 나무로 묶인 것은?

① 감나무, 화살나무
② 붉나무, 백합나무
③ 감나무, 붉은고로쇠나무
④ 칠엽수, 화살나무

해설 붉은 단풍 수목 : 화살나무, 담쟁이덩굴, 감나무, 옻나무, 붉나무, 산딸나무, 왕벚나무, 마가목, 신나무, 복자기 등

40 철강을 적당한 온도(800~1000℃)로 가열하여 소정의 시간까지 유지한 후에 로(爐) 내부에서 천천히 냉각시키는 열처리법은?

① 풀림(annealing)
② 불림(normalizing)
③ 뜨임질(tempering)
④ 담금질(quenching)

해설 열처리법 종류
- 풀림(annealing) : 로(爐) 내의 상온에서 서서히 냉각
- 불림(normalizing) : 공기 중 상온에서 서서히 냉각
- 뜨임질(tempering) : 담금질 후 취성 보완 위해 가열 후 공기 중에서 서서히 냉각
- 담금질(quenching) : 금속 재료의 열을 식히기 위해 기름이나 물에 담그는 작업

41 30m² 면적에 자연석 쌓기를 하려 한다. 자연석의 평균 뒷길이가 40cm, 자연석 단위 중량 2,600kg/m³, 공극률 30%, 공사비는 200,000원/ton이라고 할 때 총 공사비는 얼마인가?

① 436,800원
② 4,368,000원
③ 187,200원
④ 1,872,000원

해설 30m²×0.4m×2,600kg÷1,000×0.7×200,000원=4,368,000원

정답 39 ① 40 ① 41 ②

42 암거 배수망 배치에서 전면 배수가 요구되지 않는 지역에 설치하며, 등고선을 따라 주관과 지관을 설치하는 방법은?

① 어골형   ② 절치형   ③ 차단법   ④ 자연형

해설 암거배수 배치 방법

구분	내용
어골형	• 주관을 중앙에 비스듬히 지관을 설치하는 것 • 경기장 같은 평탄한 지역에 적합, 전 지역의 배수 균일
절치형 (빗살형)	• 지역 경계 근처에 주관, 측면에 지관을 설치하여 연결하는 것 • 비교적 좁은 면적의 전 지역을 균일하게 배수할 때 이용
선형 (부채살형)	• 주관, 지관의 구분이 없이 같은 표기의 관이 부채살 모양으로 1개 지점으로 집중되게 설치하여 집수 후 배수시킴
차단법	• 경사면 위나 자체의 유수를 막기 위해 사용 • 경사면 바로 위쪽에 배수구를 설치하여 유수를 막는 방법
자연형	• 전면 배수가 요구되지 않는 지역에서 많이 사용 • 지형의 등고선을 따라 주관을 설치하고 지관을 설치하는 방법

43 바람으로 인해 병원체가 기주식물에 운반되는 것이 아닌 것은?

① 배나무 붉은별무늬병   ② 잣나무 털녹병균
③ 참나무 시들음병균   ④ 밤나무 줄기마름병균

해설 광릉긴나무좀은 참나무시들음병을 일으키는 병원균을 매개하는 곤충으로 참나무 줄기에 구멍을 뚫어 산란하면서 병원균을 감염시킨다. 감염된 나무는 수분과 양분 이동이 차단되어 잎이 시들고 마르면서 고사한다.

44 다음 중 도시화가 진전되면서 도시에 생기는 변화에 대한 설명으로 틀린 것은?

① 도시화가 진전되면서 환경오염이 증대되고 있다.
② 도시화된 지역이 넓어지면서 도시지역의 강우량은 줄어들었다.
③ 도시화가 진전되면서 기온은 상승되고 있다.
④ 도시화가 진전되면서 하천의 범람 횟수는 더 많아지고 있다.

해설 도시화에 따른 '열섬현상'으로 도시의 기온이 높아짐에 따라 상승기류와 구름이 생성돼 강우도 잦아지고 있다.

  정답 42 ④   43 ③   44 ②

45 이용행태를 조사하기 위한 방법으로 적절한 조사방법은 무엇인가?

① 설문조사 ② 사례조사 ③ 면담조사 ④ 현장관찰법

해설 현장관찰법은 실제 이용행태를 조사하여 설문을 통한 태도조사의 보완책으로 사용한다.

46 수목을 관상적인 측면에서 본 분류 중 열매를 감상하기 위한 수종에 해당되는 것은?

① 은행나무 ② 모과나무 ③ 반송 ④ 낙우송

해설 열매를 감상하는 나무
피라칸타, 낙상홍, 석류나무, 팥배나무, 탱자나무, 모과나무, 살구나무, 자두나무, 마가목, 산수유, 대추나무, 오미자, 감나무, 생강나무, 감탕나무, 사철나무, 화살나무, 포도나무 등

47 꺾꽂이(삽목) 번식과 관련된 설명으로 옳지 않은 것은?

① 실생묘에 비해 개화, 결실이 빠르다.
② 봄철에는 새싹이 나오고 난 직후에 실시한다.
③ 왜성화할 수도 있다.
④ 20~30℃의 온도와 포화상태에 가까운 습도 조건이면 항상 가능하다.

해설 싹트기 전에 실시한다.

48 수목의 키를 낮추려면 다음 중 어떠한 방법으로 전정하는 것이 가장 좋은가?

① 수액이 유동하기 전에 약전정을 한다.
② 수액이 유동한 후에 약전정을 한다.
③ 수액이 유동하기 전에 강전정을 한다.
④ 수액이 유동한 후에 강전정을 한다.

정답 45 ④ 46 ② 47 ② 48 ③

49 다음 중 일반적으로 전정 시 제거해야 하는 가지가 아닌 것은?

① 주지　　② 도장지　　③ 바퀴살 가지　　④ 얽힌 가지

해설　가지치기 종류
- 도장지 : 위로 향한 힘이 강한 길게 뻗은 가지
- 내향지 : 내부로 향한 가지
- 교차지 : 서로 교차하는 나뭇가지
- 대상지 : 마주보는 가지
- 땅가지 : 뿌리에서 나온 가지
- 중복지 : 한 곳에서 두 개의 가지가 나온 가지
- 차륜지 : 한 곳에서 방사선으로 나온 가지들
- 역지 : 반대 방향으로 자란 가지

50 소나무류의 잎솎기는 언제 하는 것이 가장 좋은가?

① 12월경　　② 2월경　　③ 5월경　　④ 8월경

해설　소나무류 전정시기
- 3월 : 묵은잎 제거
- 5~6월 : 순자르기(순따기)
- 8월 : 잎솎기

51 다음 중 선의 종류와 선긋기의 내용이 잘못 짝지은 것은?

① 파선 : 숨은선　　② 가는 실선 : 수목 인출선
③ 일점 쇄선 : 경계선　　④ 이점 쇄선 : 중심선

52 전정도구 중 주로 연하고 부드러운 가지나 수관 내부의 가늘고 약한 가지를 자를 때와 꽃꽂이를 할 때 흔히 사용하는 것은?

① 대형 전정가위　　② 적심가위 또는 순치기가위
③ 적화, 적과가위　　④ 조형 전정가위

정답　49 ① 　50 ④ 　51 ④ 　52 ②

53 조경 수목의 저온피해 중 동해(凍害)에 대한 설명으로 올바르지 못한 것은?

① 식물체가 추위에 의해 세포막벽 표면에 결빙 현상이 일어나 죽는 현상이다.
② 난지산 수종, 생육지에서 멀리 떨어져 이식된 수종일수록 동해에 약하다.
③ 침엽수류와 낙엽활엽수류는 상록활엽수류보다 내동성이 크다.
④ 동해 방지를 위해서는 초겨울 증산제를 살포하여 잎의 변조를 조기에 실시한다.

해설 초겨울 시들음방지제를 살포하여 잎의 변조를 예방한다.

54 연 유지관리계획에서 다음 중 가장 먼저 시행하여야 하는 유지관리 항목은?

① 기비　　② 추비　　③ 제초　　④ 월동준비

해설 기비(基肥) : 파종/이식 전 토양 준비 시 하는 시비 작업으로 가장 먼저 시행하여야 한다.

55 살수기(sprinkler) 설계시 배치 간격은 바람이 없을 때를 기준으로 살수 작동 최대간격을 살수직경의 몇 %로 제한하는가?

① 20~25%　② 40~45%　③ 60~65%　④ 80~85%

해설 살수 최대 간격을 살수직경의 60~65%로 제한한다.

56 평판 측량에서 도로나 시가지, 삼림지대와 같이 한 측점에서 많은 측점이 시준이 되지 않을때나, 장애물이 있어서 시준이 곤란할 때 좁은 지역의 측량에 주로 이용되는 방법은?

① 전진법　　② 후방교회법　　③ 전방교회법　　④ 방사법

해설 측량할 지역 안에 장애물이 많아 방사법이 불가능할 때 사용하는 방법으로 평판을 옮기는 횟수가 잦아 시간이 많이 걸리는 단점이 있다.

57 도급공사는 공사실시 방식에 따른 분류와 공사비 지불방식에 따른 분류로 구분할 수 있다. 다음 중 공사 실시 방식에 따른 분류에 해당하는 것은?

① 정액도급　　　　　　② 실비청산보수가산도급
③ 단가도급　　　　　　④ 분할도급

해설 공사별도급이라고도 하며, 건축과 토목 등 건설 공사를 공사 구간과 공사 종류별로 분류한 뒤 따로따로 일을 맡겨 진행하는 도급방식

정답 53 ④　54 ①　55 ③　56 ①　57 ④

58 KS규격에서 정하는 설계 도면상 표현되는 대상물의 치수를 보여 주는 기본단위는 무엇인가?

① 밀리미터(mm) ② 센티미터(cm)
③ 미터(m) ④ 인치(inch)

59 파고라 설치와 관련한 설명으로 부적합한 것은?

① 높이에 비해 넓이가 약간 넓게 축조한다.
② 보행 동선과의 마찰을 피한다.
③ 불결하고 외진 곳을 피하여 배치한다.
④ 파고라는 그늘을 만들기 위한 목적이다.

60 일반적으로 대형나무 및 경관적으로 중요한 곳에 설치하며, 나무줄기의 적당한 높이에서 고정한 와이어로프를 세 방향으로 벌려서 지하에 고정하는 지주설치 방법은?

① 삼발이형 ② 당김줄형 ③ 매몰형 ④ 연결형

> **해설** 당김줄은 완충재를 감아 수피를 보호하고 그 부위에서 세 방향으로 철선을 당겨 지표에 박은 말뚝에 고정한다. 소나무나 느티나무와 같이 대형 수목들을 시공 할 경우에는 당김줄형으로 설치하는데 와이어로프나 블레이드로프를 사용한다. 이 경우 로프의 중간에 턴버클을 달아서 조절이 가능하도록 설치하고 땅과 만나는 곳에는 앙카를 박아서 고정하게 된다.

 정답 58 ① 59 ② 60 ②

2023년 제1회 CBT 복원문제

01 이탈리아의 노단건축식 정원양식이 생긴 원인으로 가장 적합한 것은?

① 식물 ② 암석 ③ 지형 ④ 역사

> 해설 이탈리아는 구릉과 경사지가 많은 지형적 특성으로 지형을 극복하기 위해 노단과 경사지를 조성했다. 평원인 프랑스와 대조적으로 이탈리아는 지형을 이용한 노단식(테라스) 정원이 유행한 것이며 구릉지가 많은 특성으로 귀족들의 별장인 빌라가 발달하였다.

02 영국인 Brown의 지도하에 덕수궁 석조전 앞뜰에 조성된 정원 양식과 관계되는 것은?

① 빌라메디치 ② 보르비콩트정원
③ 분구원 ④ 센트럴파크

> 해설 보르비콩트정원과 석조전정원 모두 평면기하학식정원 양식이다.

03 연꽃의 분천으로 유명한 파티오식 정원은?

① 알함브라 궁원 ② 제네랄리페 궁원
③ 알카자르 궁원 ④ 나샤트바 궁원

> 해설 제네랄리페(Generalife) 이궁은 '높이 솟은 정원'이라는 뜻으로 피서를 위한 이궁이다. 제네랄리페 궁원은 유명한 파티오식 정원으로 '수로의 중정', '연꽃의 분천' 등이 꾸며져 있다.

정답 01 ③ 02 ② 03 ②

04 고대 그리스 건축 양식 중 중심 건물이 되는 파르테논 신전의 기둥은 어떤 기둥 양식인가 ?

① 도리아식　　② 코린트식　　③ 이오니아식　　④ 파르데논식

해설 그리스의 신전 형식은 그 기둥 양식의 차이로 도리아식, 이오니아식, 코린트식으로 분류되며 발달하였다.

특징	도리아식	이오니아식	코린트식
기둥 머리	단순하고 소박	소용돌이 장식	아칸서스 잎 장식
기둥 몸체	굵고 낮음	소용돌이 장식	높고 화려함
대표 감각	강인함	우아함	화려함
대표 건축물	파르테논 신전	아르테미스 신전	판테온

05 중국 청나라 시대 표적인 정원이 아닌 것은?

① 원명원 이궁　　② 이화원 이궁
③ 졸정원　　　　④ 승덕피서산장

해설 졸정원은 강소성 소주시에 위치한 정원이다. 명조 정덕 4년에 건설되기 시작했으며 북경의 이화원, 승덕의 피서산장, 소주의 유원과 함께 중국 4대 명원이다.

정답 04 ①　05 ③

06 정원요소로 징검돌, 물통, 세수통, 석등 등의 배치를 중시하던 일본의 정원 양식은?

① 다정원 ② 침전조 정원
③ 축산고산수 정원 ④ 평정고산수 정원

해설 다정원
- 다도를 즐기는 다실과 인접한 곳에 자연의 한 단편을 교묘히 묘사한 일종의 자연식 정원
- 호화로운 정원과는 대조적으로 다실과 다실에 이르는 길을 중심으로 좁은 공간에 소박한 멋을 풍기는 정원으로 구성
- 음지식물을 사용하고 화목류를 식재하지 않음
- 자연스러움을 주기 위해서 윤곽선 처리에 곡선을 많이 사용함
- 특정 구조물 : 징검돌, 자갈, 물통, 세수통, 석등, 석탑, 이끼 낀 원로

07 수목 또는 경사면 등의 주위 경관 요소들에 의하여 자연수럽게 둘러싸여 있는 경관을 무엇이라 하는가?

① 지형경관 ② 관개경관 ③ 위요경관 ④ 파노라마 경관

해설 위요경관은 수목, 경사면 등 주변 경관요소가 자연스럽게 울타리처럼 둘러싸인 경관을 의미한다. 중심 공간이 낮고 평탄하며, 주변 울타리가 적당한 높이와 거리를 유지해야 위요감이 형성된다. 예를 들어, 산중 호수나 초원 등이 해당한다.

08 다음 중 직선의 느낌으로 가장 부적합한 것은?

① 여성적이다. ② 딱딱하다. ③ 굳건하다. ④ 긴장감이 있다.

해설 곡선 : 부드럽다, 여성적

09 콘크리트 혼화재의 역할 및 연결이 옳지 않은 것은?

① 단위수량, 단위시멘트량의 감소 : AE감수제
② 작업성능이나 동결융해 저항성능의 향상 : AE제
③ 강력한 감수효과와 강도의 대폭 증가 : 고성능감수제
④ 염화물에 의한 강재의 부식을 억제 : 기포제

해설 기포제는 시멘트 경화체 내에 다량의 공극을 발생시켜 제조한 것으로 단열성 및 내화성, 경량성이 뛰어난 경량 기포콘크리트 제조 시 사용한다.

 정답 06 ① 07 ③ 08 ① 09 ④

10 미장 공사 시 미장재료로 활용될 수 없는 것은?

① 견치석　　② 점토　　③ 석회　　④ 시멘트

> **해설** 견치석(犬齒石)
> 석축을 쌓는 데 쓰는, 앞면이 판판하고 네모진 돌. 뒷면으로 갈수록 점차 크기가 줄어든다.

11 알루미늄의 일반적인 성질로 틀린 것은?

① 열의 전도율이 높다.
② 비중은 약 2.7 정도이다.
③ 산과 알칼리에 특히 강하다.
④ 전성과 연성이 풍부하다.

> **해설** 알루미늄은 산과 알칼리에 특히 약하다.

12 중국 정원의 가장 중요한 특색이라 할 수 있는 것은?

① 조화　　② 대비　　③ 반복　　④ 대칭

> **해설** 중국 정원의 특징
> • 차경수법을 도입하였다.
> • 사실주의 보다는 상징적 축조가 주를 이루는 사의주의에 입각하였다.
> • 대비에 중점을 두고 있으며, 이것이 중국정원의 특색을 이루고 있다.

13 발해의 상류저택에 대규모로 심겨졌던 식물로 옳은 것은?

① 석류　　② 모란　　③ 매화　　④ 앵두

> **해설** '발해국지'에는 연못을 꾸미고 모란을 옮겨 심었는데 그 수가 200~300주가 되었다는 기록이 있다.

정답　10 ①　11 ③　12 ②　13 ②

14 다음 중 배식설계에 있어서 정형식 배식설계가 아닌 것은?

① 열식　　　② 대식　　　③ 임의식재　　　④ 교호식재

> **해설** 배식기법에는 크게 정형식 배식기법과 자연식 배식기법이 있다.
> 1) 정형식 배식
>   - 단식 : 축의 중심 등 중요한 위치에 생김새가 우수하고 중량감을 갖춘 정형수를 단독으로 식재하는 수법이다. 단독 식재 또는 점식, 경관수라고도 한다.
>   - 대식 : 시선축의 좌우에 같은 형태, 같은 종류의 나무를 대칭 식재하는 수법으로, 정연한 질서감을 표현할 수 있는 방법이다.
>   - 열식 : 같은 형태와 종류의 나무를 일정한 간격으로 직선상에 식재하는 수법을 말하며, 간격이 좁을 때에는 수목 상호간의 연속성이 높아져 후방에 대한 차폐 효과가 높아진다.
>   - 교호식재 : 두 줄의 열식을 서로 어긋나게 배치하여 식재하는 수법이다.
>   - 정형식 모아심기 : 수목을 집단적으로 심는 수법으로 군식 또는 군상(무더기 식재)라고 한다. 하나의 덩어리로서의 질량감을 필요로 하는 경우에 이용된다.
> 2) 자연식 배식
>   - 부등변 삼각형 식재 : 크고 작은 세 그루의 나무를 부등변 삼각형의 3개의 꼭지점에 해당하는 위치에 식재하는 방법이다.
>   - 임의식재 : 대규모의 식재 구역에 배식할 경우, 부등변 삼각형 식재를 기본 단위로 하여 그 삼각망을 순차적으로 확대하면서 연결시켜 나가는 방법이다.
>   - 모아심기 : 자연상태의 식생 구성을 모방하여 수종, 크기, 수형이 다른 두 가지 이상의 수목을 모아 무더기로 한 자리에 식재하는 방법이다. 이 때, 평면적인 형태는 자연스럽고 부드러운 유기적 형태를 많이 이용한다.
>   - 배경식재 : 의도하는 경관을 두드러지게 보이도록 하기 위하여 그 경관의 후방에 식재 군을 조성하여 배경을 구성하는 방법이다.

15 다음 중 인공지반을 만들기 위해 사용되는 경량재가 아닌 것은?

① 부엽토　　　② 화산재　　　③ 펄라이트　　　④ 버미큘라이트

> **해설** 경량재로 펄라이트, 피트모스, 버미큘라이트, 화산재 등이 있다.

16 현행 법제상의 오픈스페이스(open space) 분류체계 중 도시공원에 해당하는 것은?

① 유원지　　　② 운동장　　　③ 공공공지　　　④ 묘지공원

> **해설** 도시공원의 종류
> 소공원, 어린이공원, 근린공원, 역사공원, 문화공원, 수변공원, 묘지공원, 체육공원, 도시농업공원, 그밖에 특별시·광역시 또는 도의 조례가 정하는 공원 등

정답　14 ③　15 ①　16 ④

17 선의 용도가 잘못된 것은?

① 실선: 물체의 보이는 부분을 나타내는 선
② 파선: 물체의 보이지 않는 부분을 나타내는 선
③ 파단선 : 물체 및 도형의 중심을 나타내는 선
④ 2점 쇄선 : 이동하는 부분의 이동 후의 위치를 가상하여 나타내는 선

> **해설** 파단선은 도면에서 대상물의 일부를 파단(절단)한 경계를 표시하는 선으로, 주로 가는 실선으로 표현한다.

18 한여름에 뿌리분을 크게 하고 잎을 모두 제거 후 이식하면 쉽게 활착할 수 있는 나무는?

① 목련 ② 소나무 ③ 섬잣나무 ④ 단풍나무

19 조경 수목을 이용 목적으로 분류할 때 바르게 짝지어진 것은?

① 방풍용 – 회양목
② 방음용 – 아왜나무
③ 가로수용 – 무궁화
④ 산울타리용 – 은행나무

> **해설** 방음용 수종
> - 소음차단을 위한 치밀한 상록활엽교목
> - 지하고가 낮고, 공해나 배기가스에 잘 견디는 나무
> - 녹나무, 식나무, 아왜나무, 후피향나무, 동백나무, 구실잣밤나무, 개잎갈나무 등

20 통나무로 계단을 만들 때 가장 적합하지 않은 재료는?

① 소나무 ② 편백 ③ 수양버들 ④ 떡갈나무

> **해설** 수양버들은 부후(腐朽)의 위험성이 큰 나무이다.

21 다음 중 일반적으로 대기오염 물질인 아황산가스(SO2)에 대한 저항성이 강한 수종은?

① 편백 ② 전나무 ③ 소나무 ④ 산벚나무

> **해설** 아황산가스(SO2)에 강한 수종
> 은행나무, 편백, 화백, 향나무, 비자나무, 태산목, 아왜나무, 가시나무, 녹나무, 사철나무, 벽오동, 능수버들, 버즘나무, 쥐똥나무, 돈나무, 호랑가시나무, 갈참나무, 무궁화, 칠엽수, 종려나무, 층층나무, 백합나무 등

정답 17 ③ 18 ④ 19 ② 20 ③ 21 ④

22 다음에서 설명하는 벽돌쌓기 방법은?

> 길이쌓기 켜와 마구리쌓기 켜가 번갈아 반복되게 쌓는 방법으로 모서리나 벽이 끝나는 곳에는 반절이나 이오토막이 쓰인다.

① 네덜란드식 쌓기 ② 영국식 쌓기
③ 프랑스식 쌓기 ④ 미국식 쌓기

> **해설** 벽돌쌓기 법
> - 영국식 쌓기 : 한 켜는 길이로 쌓고 다음 켜는 마구리쌓기로 하며 벽의 모서리나 끝에는 이오토막을 사용
> - 네덜란드식 쌓기 : 쌓기 방법은 영국식과 동일하나 벽의 모서리나 끝에는 칠오토막을 사용
> - 프랑스식 쌓기 : 한 켜에 길이쌓기와 마구리쌓기를 번갈아 가며 쌓는다.
> - 미국식 쌓기 : 뒷면은 영국식 쌓기로 하고 표면에는 5켜까지는 길이쌓기로 하고, 그 위 1켜는 마구리쌓기

23 목재가공 작업 중 소지조정, 눈막이(눈메꿈), 샌딩실러 등은 무엇을 하기 위한 것인가?

① 접착 ② 연마 ③ 도장 ④ 오버레이

> **해설** 목재도장 공정 과정
> 소지공정 → 표백 → 착색 → 눈메꿈도장 → 하도도장 → 중도도장 → 상도도장

24 식물이 생육하는 토양에서 답압에 의한 영향으로 옳은 것은?

① 토양이 입단구조가 된다. ② 용적 비중이 낮아진다.
③ 통기성이 낮아진다. ④ 토양 통수가 빠르다.

> **해설** 토양 답압은 밟아서 생기는 압력으로 구조가 견밀(다져짐)해지고, 토양입자 공극이 좁아져 배수불량, 통기불량, 유기물함량 감소 등 수분, 산소, 무기양분 부족현상과 유사하다.

25 산성 토양에서 고정되므로 가장 부족하기 쉬운 무기양분은?

① Fe ② P ③ N ④ K

> **해설** 강산성에서는 질소(N)가 아질산가스(NO_2)로, 알칼리성에서는 암모니아가스(NH_3)로 변하면서 공기 중으로 빠져 나온다. 토양에서는 질소고정균, 근류균 등 유용 미생물의 활동이 약화되어 질소 부족 현상이 일어난다.

정답 22 ② 23 ③ 24 ③ 25 ③

26 식토에 대한 설명 중 틀린 것은?

① 통기성이 좋다.
② 점토성분이 많고 점성이 크다.
③ 점토성분이 50% 이상이다.
④ 보수력은 크고 배수성 불량하다.

해설 식토는 50% 이상의 점토를 포함하는 토양으로 점토분이 많으므로 수분이나 비료의 유지력은 강하나 반대로 공기의 유통이나 배수(排水)가 나쁘고, 경작에 있어서는 점착력이 강해서 불편하다.

27 척박지 토양에 잘 자라는 수종은?

① 삼나무, 주목
② 느티나무, 떡갈나무
③ 오동나무, 낙우송
④ 소나무 곰솔

해설 척박지 토양에서 잘 자라는 수종
소나무, 곰솔(해송), 노간주나무, 향나무, 대왕송, 방크스소나무, 미국적송, 폰테로사소나무, 소귀나무, 종가시나무, 느릅나무, 버드나무, 참나무, 아까시나무, 자작나무, 오리나무, 당단풍, 자귀나무, 보리수나무, 싸리 등

28 일반적인 합성수지(Plastics)의 장점으로 틀린 것은?

① 성형가공이 쉽다.
② 열전도율이 높다.
③ 마모가 적고 탄력성이 크다.
④ 우수한 가공성으로 성형이 쉽다.

해설 열전도율이 높은 것은 단점에 해당한다.

29 다음에 해당하는 도장공사 재료는?

> • 초화면(硝化綿)과 같은 용제에 용해시킨 섬유계 유도체를 주성분으로 하고 여기에 합성수지, 가소제와 안료를 첨가한 도료이다.
> • 건조가 빠르고 도막이 견고하며 광택이 좋고 연마가 용이하며, 불점착성, 내마멸성, 내수성, 내유성, 내후성 등이 강한 고급 도료이다.
> • 결점으로는 도막이 얇고 부착력이 약하다.

① 유성페인트
② 수성페인트
③ 래커
④ 니스

정답 26 ① 27 ④ 28 ② 29 ③

30 벤치, 인공폭포, 인공암, 수목보호판 등으로 이용하기에 가장 적합한 재료는?

① 경질염화비닐판 ② 유리섬유 강화플라스틱
③ 폴리스티렌수지 ④ 염화비닐수지

> 해설 유리섬유 강화플라스틱(FRP) 조형물은 내구성이 뛰어나고 물에 대한 저항력이 강해 변색이나 부식 없이 원래의 모습을 오랫동안 유지할 수 있다. 또한 햇빛, 비, 바람, 눈 등 야외 환경의 요소들로부터 손상을 최소화하여 환경 변화에도 유연하게 대처할 수 있으며 오랫동안 아름다움을 유지할 수 있다.

31 물체의 전면에 작용하는 하중의 분포 상태가 하중 적용 방향으로 일정한 하중은?

① 집중하중 ② 등분포하중
③ 경사분포하중 ④ 모멘트하중

> 해설 등분포하중은 구조물이나 시스템에 일정한 간격으로 균등하게 분포된 하중을 의미한다. 이는 면적 또는 길이에 동일한 크기의 힘이 작용하는 형태로, 예를 들어 균일하게 분포된 물의 압력이나 눈의 무게 등이 해당된다.

32 독립수나 조각물 뒤 배경식재로 가장 알맞은 것은?

① 잎이 넓고 치밀한 수종 ② 잎이 넓고 간격이 엉성한 수종
③ 잎이 좁고 간격이 엉성한 수종 ④ 잎이 촘촘하고 치밀한 수종

> 해설 배경식재를 위해서는 잎이 작고 조밀하게 밀생하는 수종을 식재 하는 것이 바람직하다.

33 정형식 배식에 어울리는 수목의 조건을 설명한 것으로 옳지 않은 것은?

① 가급적 생장 속도가 빠른 수목 ② 균형이 잡히고 개성이 강한 수목
③ 사철 푸른 잎을 가진 수목 ④ 전정 작업에 잘 견디는 수목

> 해설 정형식 배식의 수목 조건
> 상록수이면서 균형이 잡히고 개성이 강한 수목, 전지/전정에 강한 수목

34 다음 조경 수목 중 생장 속도가 가장 느린 것은?

① 팽나무 ② 오동나무 ③ 주목 ④ 느티나무

정답 30 ② 31 ② 32 ④ 33 ① 34 ③

35 비탈면의 기울기는 관목 식재 시 어느 정도 경사보다 완만하게 식재하여야 하는가?

① 1:0.5보다 완만하게 식재한다.
② 1:1보다 완만하게 식재한다.
③ 1:2보다 완만하게 식재한다.
④ 1:3보다 완만하게 식재한다.

> 해설 관목은 1:2보다 완만하게, 교목은 1:3보다 완만하게 식재한다.

36 다음 중 세균에 의한 수목병은 어느 것인가?

① 밤나무 뿌리혹병 ② 뽕나무 오갈병
③ 소나무 잎녹병 ④ 향나무 녹병

> 해설 뽕나무 오갈병 : 파이토플라즈마, 소나무 잎녹병/향나무 녹병 : 진균

37 공원 내에 설치된 목재 벤치 좌판의 도장 보수는 보통 얼마 주기로 실시하는 것이 좋은가?

① 6개월 ② 9개월 ③ 12개월 ④ 2~3년

> 해설 목재 표지판 및 벤치 등은 2~3년에 한 번씩 도장 작업을 실시한다.

38 조경 수목은 식재지 위치나 환경조건 등에 따라 적절히 선정하여야 한다. 다음 중 수목의 구비 조건으로 가장 거리가 먼 것은?

① 병충해에 대한 저항성이 강해야 한다.
② 다듬기 작업 등 유지관리가 용이해야 한다.
③ 이식이 용이하며, 이식 후에도 잘 자라야 한다.
④ 번식 및 대량 구입이 어려워야 희소성으로 가치가 있다.

정답 35 ③ 36 ① 37 ④ 38 ④

39 방풍림(Wind Shelter) 조성에 알맞은 수종은?

① 팽나무, 녹나무, 느티나무
② 곰솔, 대나무류, 자작나무
③ 신갈나무, 졸참나무, 향나무
④ 박달나무, 가문비나무, 아까시나무

해설 내풍성 수종
수목이 강한 바람에 견디며 생장할 수 있는 능력이다. 수목은 크기가 크기 때문에 강한 바람(태풍, 해풍)에 의하여 풍도, 풍절, 고사 등의 피해를 입는다. 심근성뿌리, 작은 수관, 짧고 굵은 가지, 작은 잎 등은 내풍성 형질이다. 우리나라 고산지에서 나타나는 수목한계선은 주로 바람의 피해에 의한 것이다. 고산지의 눈잣나무는 풍충지에서 누워 자람으로서 풍해를 최소화한다. 눈잣나무는 땅에 접촉한 가지에서 새로운 뿌리를 내며 무성번식하기도 한다. 해안지방에 자라는 해송은 심근성 뿌리를 갖고 있는데 해풍에 견딜 수 있는 내풍성과 내염성이 있는 수종이다.
㉠ 곰솔, 구실잣밤나무, 갈참나무, 느티나무, 떡갈나무, 상수리나무, 감나무, 편백, 화백, 녹나무, 팽나무 등

40 콘크리트 배합의 종류로 틀린 것은?

① 시방배합   ② 시공배합   ③ 현장배합   ④ 중량배합

해설 배합의 종류에는 콘크리트나 모르타르를 제조할 때 사용되는 재료의 사용량을 중량으로 나타내는 '중량배합'과 절대 용적으로 나타내는 '용적배합'이 있으며, 콘크리트 배합의 표시 방법에는 '시방배합'과 '현장배합'이 있다.

41 다음 보기 중 측량의 3대 요소가 아닌 것은?

① 각측량   ② 거리측량   ③ 세부측량   ④ 수준측량

해설 위치결정을 위한 기본 요소인 거리, 각, 고저차를 측정하는 것을 거리측량, 각측량, 수준측량이라 하며, 지형지물이나 인공물의 위치와 높이를 함께 표현하는 것을 지형측량이라 한다.

42 비탈면의 녹화와 조경에 사용되는 식물의 요건으로 가장 부적합한 것은?

① 적응력이 큰 식물
② 생장이 빠른 식물
③ 시비 요구도가 큰 식물
④ 파종과 식재 시기의 폭이 넓은 식물

 정답 39 ① 40 ② 41 ③ 42 ③

43 잔디깎기의 목적으로 올바르지 않은 것은?

① 잡초 방제 ② 이용 편리 도모
③ 병충해 방지 ④ 잔디의 분얼 억제

> **해설** 잔디 깎기의 목적은 수평으로 분얼(分蘗)을 촉진시켜 두꺼운 잔디밭을 만들고 통풍을 좋게 하여 원활한 생장을 유도하는 데에 있으며 잡초방제, 병충해 예방, 이용의 편리도 포함된다.

44 세계 3대 수목병에 속하지 않는 것은?

① 소나무 재선충병 ② 잣나무 털녹병
③ 느릅나무 시들음병 ④ 밤나무 줄기마름병

> **해설** 세계 3대 수목병 : 잣나무 털녹병, 느릅나무 시들음병, 밤나무 줄기마름병

45 토공작업 시 지반면보다 낮은 면의 굴착에 사용하는 기계로 깊이 6m 정도의 굴착에 적당하며, 백호(Back Hoe)라고도 불리는 기계는?

① 클램셀 ② 파워셔블 ③ 드래그셔블 ④ 드래그라인

> **해설** 드래그셔블(drag shovel)이란 백호(back hoe)라고도 하며 기계가 설치된 지반보다 낮은 곳을 굴착하는데 적합하며, 수중 굴착도 가능한 기계를 말한다. 드래그셔블은 굴착된 구멍이나 도랑 등의 굴착 면의 마무리가 비교적 깨끗하며 정확하게 파낸다. 따라서, 도랑이나 수로, 빌딩의 기초 굴착에 사용한다. 더구나 그 구조면에서 드래그라인에 비해 굴착 반경은 작고, clamshell에 비해 굴착하는 깊이도 얕아 파워셔블에 뒤지지 않는 굴착력을 가지고 있기 때문에 구멍파기나 도랑파기 등에 적합하다.

46 생울타리를 전지, 전정하려고 한다. 태양 광선을 가장 골고루 받지 못하는 생울타리 단면의 모양은 어느 것인가?

① 역삼각형 ② 원주형 ③ 원뿔형 ④ 달걀형

47 건설재료의 할증률이 틀린 것은?

① 붉은 벽돌 : 3% ② 이형철근 : 5%
③ 조경용 수목 : 10% ④ 석재판붙임용재 : 10%

> **해설** 이형철근의 할증률은 3%이다.

정답 43 ④ 44 ① 45 ③ 46 ① 47 ②

48 설계도서 중 일위대가표를 작성할 때 일위대가표의 금액란의 금액 단위 표준으로 올바른 것은?

① 0.1원   ② 1원   ③ 10원   ④ 100원

> **해설** 금액의 단위
> - 설계서의 금액 : 단위(원), 지위(1), 미만 버림
> - 설계서의 총계 : 단위(원), 지위(1,000), 이하 버림 (단, 만원 이하일 때 100원까지)
> - 일위대가표의 금액 : 단위(원), 지위(0.1), 미만 버림
> - 일위대가표의 총계 : 단위(원), 지위(1), 미만 버림

49 표준품셈에서 수목 굴취 시 야생일 경우 굴취품의 몇 %를 가산하는가?

① 5%   ② 10%   ③ 15%   ④ 20%

> **해설** 표준품셈에서 수목이식 공사 중 굴취 시 야생일 경우에는 굴취품의 20%를 가산하고, 분이 없는 경우에는 굴취품의 20%를 감한다.

50 시비 방법 적용에 대한 설명이 잘못된 것은?

① 전면시비 : 작은 나무들이 가깝게 식재된 경우
② 방사상시비 : 교목이 넓은 간격으로 식재된 경우
③ 윤상시비 : 경계선의 산울타리
④ 천공시비 : 뿌리가 많은 관목의 집단

> **해설** 산울타리는 선상시비법으로 시비한다.

51 제초제 살포 시 제초제에 의한 제초 효과가 가장 좋은 경우는?

① 우기시   ② 건조한 토양
③ 사질토의 토양   ④ 고온인 경우

> **해설** 고온의 경우 제초 효과가 빠르게 나타난다.

정답 48 ①   49 ④   50 ③   51 ④

52 다음 중 조경 수목에 관수할 때 올바른 방법은?

① 표토가 젖도록 준다.
② 매일 관수한다.
③ 토양에 물이 충분히 스며들도록 한다.
④ 물이 충분히 고이도록 준다.

해설 조경 수목의 관수는 토양이 지표에서 아래로 10cm 이상 충분히 스며들도록 한다.

53 다음 중 사괴석 담장의 줄눈 중 가장 일반적이고 많이 사용하는 줄눈은?

① 내민줄눈 ② 평줄눈 ③ 민줄눈 ④ 오목줄눈

해설 일반적으로 오목 줄눈을 많이 사용하지만, 사괴석을 이용한 전통담장 등은 내민 줄눈을 이용한다.
  ※ 사괴석(四塊石) 한면이 10~18cm정도의 방형 육면체의 화강석을 사괴석 또는 사구석 이라고 불리기도 한다. 조선시대에 궁궐의 담장이나 격식이 있는 사대부의 집에서도 사용하여 품격있는 전통 건축물을 만드는데 많이 사용되고 있다.

54 시비에 대한 설명 중 적당하지 않은 것은?

① 추비는 일반적인 수종에서는 눈이 움직일 무렵, 화목의 경우에는 개화 후에 준다.
② 비료는 수관선을 따라 20cm 내외의 홈을 파서 주는 것이 효과적이다.
③ 화목류는 7~8월경 인산질 비료를 많이 주어야 화아 형성을 촉진한다.
④ 지효성의 유기질 비료는 덧거름으로, 황산암모늄과 같은 속효성 비료는 밑거름으로 준다.

해설 유기질 비료는 지효성 거름으로 밑거름으로 주고, 속효성 거름은 덧거름으로 준다.

55 다음 중 잔디밭의 잡초가 아닌 것은?

① 부들 ② 클로버 ③ 바랭이 ④ 매듭풀

해설 부들은 주로 물가나 연못, 늪지에 서식한다. 줄기는 곧고 꽃이삭은 타원형이며 길이는 1~1.5 m 이다.

 정답 52 ③ 53 ① 54 ④ 55 ①

56 오동나무 빗자루병균의 월동 방법으로 가장 올바른 것은?

① 낙엽 및 풀잎에서 월동
② 기주 체내에서 월동
③ 토양에서 월동
④ 중간기주 식물에 옮겨서 월동

> 해설 오동나무 빗자루병균은 기주의 체내에서 월동한다.

57 경제적 가해 수준(economic injury level) 이란?

① 해충에 의한 피해액이 방제비보다 큰 수준의 밀도
② 해충에 의한 피해액이 방제비보다 작은 밀도
③ 해충에 의한 피해액과 방제비가 같은 수준의 밀도
④ 해충에 의해 경제적으로 큰 가해를 주는 수준의 밀도

> 해설 해충이 발생했을 때 방제를 하느냐 하지 않느냐를 결정하기 위한 설정에는 가해수준과 경제적 가해수준이 있다. 경제적 가해수준은 해충의 발생수준이 방제비를 초과할 정도의 손실을 초래하는 발생수준이다.

58 다음 중 수목 관리 시 토양내 시비법이 아닌 것은?

① 윤상시비법
② 전면시비법
③ 대상시비법
④ 엽면시비법

> 해설 엽면시비는 비료나 농약을 물에 희석해 식물의 잎에 뿌려 영양분을 공급하거나 병해충을 방제하는 방법으로 잎의 기공을 통해 흡수되며, 토양 조건이 불량하거나 급한 영양 공급이 필요할 때 효과적이다.

정답 56 ② 57 ① 58 ④

2023년 제2회 CBT 복원문제

01 고대 로마의 대표적인 별장이 아닌 것은?

① 빌라 토스카나   ② 빌라 감베라이아
③ 빌라 라우렌티아나   ④ 빌라 아드리아누스

해설) 고대 로마의 별장은 라우렌티아나, 토스카나, 아드리아누스이다.
감베라이아 별장은 17C 르네상스 후기(제노바)의 별장이다.

02 다음 중 서양식 전각과 서양식 정원이 조성 되어 있는 우리나라 궁궐은?

① 경복궁   ② 덕수궁   ③ 창덕궁   ④ 경희궁

해설) 침상원은 덕수궁 석조전 앞뜰의 우리나라 최초의 유럽식(프랑스식) 정원이며, 석조전은 우리나라 최초의 서양식 건물이다.

03 프랑스 평면기하학식 정원을 확립하는데 가장 큰 기여를 한 사람은?

① 르 노트르   ② 브리지맨   ③ 메이너   ④ 비니올라

해설) 프랑스 평면기하학식 정원은 17세기 프랑스에서 발달한 정형식 조경 양식으로, 이탈리아의 노단식 정원을 계승하면서도 평탄한 지형에 적합한 기하학적 구성을 특징으로 한다. 앙드레 르 노트르(1613-1700)가 주도한 이 양식은 루이 14세의 베르사유 궁전 정원을 통해 완성되었으며, 절대왕권의 권위와 수학적 원리를 반영한 대칭과 균형을 강조하고 있다.

04 형태와 선이 자유로우며, 자연 재료를 사용하여 자연을 모방하거나 축소하여 자연에 가까운 형태로 표현한 정원 양식은?

① 건축식   ② 정형식   ③ 규칙식   ④ 풍경식

해설) 자연풍경식 정원
완만한 구릉 그대로의 터 가르기 및 자유로운 곡선을 이용하였다.
웅장한 녹음수와 연못, 개울이 서로 어울려 큰 정원을 구성하며 자연 그대로의 짜임새에 의한 사실주의적인 정원이다.

 정답) 01 ②   02 ②   03 ①   04 ④

05 실제 길이 3m는 축척 1/30 도면에서 얼마인가?

① 1cm ② 3cm ③ 10cm ④ 30cm

해설 3m = 300cm, 300cm × 1/30 = 10cm

06 컴퓨터로 조경제도 작업을 할 때의 작업 특징과 가장 거리가 먼 것은?

① 도덕성 ② 응용성 ③ 정확성 ④ 신속성

해설 컴퓨터 조경 제도 자체는 기술적 도구이며, 윤리나 도덕성은 사용자의 태도와 판단에 따라 달라진다.

07 다음 중 단순미(單純美)와 가장 관련이 없는 것은?

① 잔디밭 ② 독립수
③ 형상수(topiary) ④ 자연석 무너짐 쌓기

08 채도 대비에 의해 주황색 글씨를 더 선명하게 보이도록 할 때 바탕색으로 가장 적합한 색상은?

① 빨간색 ② 노란색 ③ 파란색 ④ 회색

해설 채도 대비는 두 색의 채도 차이로 인해 색상이 더 선명하거나 탁하게 보이는 현상이다. 배경 색의 채도가 높을수록 대비되는 색은 채도가 낮아 보이며, 채도 차이가 클수록 시각적 효과가 강해진다.

09 다음 중국식 정원의 설명으로 가장 거리가 먼 것은?

① 차경수법을 도입하였다.
② 사실주의 보다는 상징적 축조가 주를 이루는 사의주의에 입각하였다.
③ 다정(茶庭)이 정원 구성요소에서 중요하게 작용하였다.
④ 대비에 중점을 두고 있으며, 이것이 중국정원의 특색을 이루고 있다.

해설 노지 즉 다정원은 일본을 대표하는 정원양식이다. 노지는 다실 마당에 상록수를 빈틈없이 심어 깊숙하고 그윽한 분위기를 조성해 놓은 고밀도 공간이라 할 수 있다.

정답 05 ③ 06 ① 07 ④ 08 ④ 09 ③

10 고대 그리스의 광장 이름으로 올바른 것은?

① 바빌로니아   ② 아고라   ③ 플레이스   ④ 수렵원

해설 아고라
고대 그리스 도시국가의 광장으로 민회나 재판, 상업, 사교 등의 다양한 활동이 이루어졌다. 오늘날에는 공적인 의사소통이나 직접민주주의를 상징하는 말로 널리 사용된다.

11 계단폭포, 물무대, 분수, 정원극장, 동굴 등이 가장 많이 나타나는 정원은?

① 영국정원   ② 프랑스정원
③ 스페인정원   ④ 이탈리아정원

해설 르네상스 시대 이탈리아 에스테장은 리고리오가 설계하였으며 수경 처리가 가장 뛰어난 정원으로 100개의 분수, 용의 분수가 있다. 물의 풍부한 사용과 꽃과 수목을 대량으로 사용하였다. 제3노단으로 백개의 분수 테라스가 있다. 최고 노단은 흰색 카지노이다.

12 좌우로 시선이 제한되어 일정한 지점으로 시선이 모이도록 구성하는 경관요소는?

① 전망   ② 질감
③ 통경선(vista)   ④ 랜드마크

해설 통경선(Vista)
조경에서 시선이 특정 방향으로 집중되도록 설계된 경관 구성 기법으로, 서양 정형식 조경의 핵심 요소이다. 이 기법은 부지 중앙점에서 끝점까지 일직선으로 뻗은 공간을 식재 없이 비워두어 원근감을 강조하고, 경관의 초점(예: 건축물, 산 등)을 부각 시키는 데 사용된다.

13 모든 설계에서 가장 기본적인 도면은 무엇인가?

① 입면도   ② 단면도   ③ 평면도   ④ 상세도

해설 평면도
건물 따위의 평면 상태를 나타낸 도면. 건물의 각 층, 방, 출입구 따위의 배치를 나타내기 위하여 건물을 수평 방향으로 절단하여 바로 위에서 내려다본 그림이다.

정답 10 ② 11 ④ 12 ③ 13 ③

14 다음 설명 중 채도대비에 관한 것으로 틀린 것은?

① 무채색끼리는 채도대비가 일어나지 않는다.
② 채도대비는 명도대비와 같은 방식으로 일어난다.
③ 고채도의 색은 무채색과 함께 배색하면 더 선명해 보인다.
④ 중간색을 그 색과 색상은 동일하고 명도가 밝은색과 함께 사용하면 훨씬 선명해 보인다.

> **해설** 채도 대비는 두 색의 채도 차이로 인해 색상이 더 선명하거나 탁하게 보이는 현상이다. 배경 색의 채도가 높을수록 대비되는 색은 채도가 낮아 보이며, 채도 차이가 클수록 시각적 효과가 강해진다.

15 다음 중 1858년에 조경가(Landscape Architect)라는 말을 처음으로 사용하기 시작한 사람이나 단체는?

① 옴스테드(F.L. Olmsted)   ② 르 노트르(Le Notre)
③ 미국조경가협회(ASLA)   ④ 세계조경가협회(IFLA)

> **해설** 프레더릭 로 옴스테드(Frederick Law Olmsted, 1822~1903)는 현대 도시공원의 선구자로, 자연과 인간의 조화를 강조한 조경 설계자이다. 그는 뉴욕 센트럴파크, 시카고 1893 만국박람회 공원, 뉴저지 캐드월레이더 공원, 매사추세츠 에메랄드 넥클러스 등 500여 개 프로젝트를 수행하며 도시 녹지 공간의 중요성을 알렸다.

16 다음 중 위요경관에 속하는 것은?

① 계곡 끝의 폭포   ② 숲속의 호수
③ 넓은 초원   ④ 노출된 바위

> **해설** 위요경관
> 수목, 경사면 등 주변 경관요소가 자연스럽게 울타리처럼 둘러싸인 경관을 의미한다. 중심공간이 낮고 평탄하며, 주변 울타리가 적당한 높이와 거리를 유지해야 위요감이 형성된다. 숲속의 호수나 초원 등이 해당한다.

  14 ④   15 ①   16 ②

17 다음 중 성목의 수간 질감이 가장 거칠고, 줄기는 아래로 처지며, 수피가 회갈색으로 갈라져 벗겨지는 것은?

① 벽오동 ② 주목 ③ 개잎갈나무 ④ 배롱나무

> **해설** 개잎갈나무(히말라야시다)
> 수피는 회색을 띤 갈색으로 세로로 갈라지면서 조각이 얇게 벗겨진다. 잎은 짧은 가지에서는 여러 개가 돌려나는 것처럼 보이고 긴 가지에서는 1개씩 달린다. 끝이 뾰족한 바늘모양으로 단면은 삼각형이다. 꽃은 암수 한 그루로 10월에 피고 수꽃과 암꽃은 짧은 가지의 끝부분에 달린다. 수꽃은 원기둥 모양이고 암꽃은 달걀모양이다. 열매는 타원모양 또는 달걀모양으로 갈색으로 익으며 종자에 날개가 있다.
> 상록 침엽 교목으로 원산지는 히말라야 북서부이고 주로 남부지방의 조경수로 식재한다.

18 열매가 붉은색으로만 짝지어진 것은?

① 팥배나무, 쥐똥나무 ② 주목, 칠엽수
③ 피라칸다. 낙상홍 ④ 매실나무, 마가목

> **해설**
> • 팥배나무, 주목, 피라칸타, 낙상홍, 마가목(붉은색)
> • 쥐똥나무(검정색)
> • 칠엽수, 매실(황색)

19 다음 설명의 ( )안에 가장 적합한 것을 고르시오.

> 조경공사 표준시방서의 기준상 수목은 수관부 가지의 약 ( ) 이상이 고사하는 경우에 고사목으로 판정하고 지피·초본류는 해당 공사의 목적에 부합되는 가를 기준으로 감독자의 육안검사 결과에 따라 고사 여부를 판정한다.

① 1/3 ② 1/2 ③ 3/4 ④ 2/3

> **해설** 조경수는 수관부의 가지 3분의 2 이상이 고사되거나, 수목의 생육상태가 극히 불량하여 회복하기 어렵다고 인정되는 경우에는 고사(枯死)된 것으로 간주하여 시공자로 본다.

 정답 17 ③ 18 ③ 19 ④

20 다음 중 한지형(寒地形) 잔디에 속하지 않는 것은?

① 벤트그래스 　② 버뮤다그래스 　③ 라이그래스 　④ 켄터키블루그래스

해설 버뮤다그래스를 제외한 대부분의 서양 잔디는 한지형 잔디이다.

21 콘크리트에 사용되는 골재에 대한 설명으로 옳지 않은 것은?

① 잔 것과 굵은 것이 적당히 혼합된 것이 좋다.
② 불순물이 묻어 있지 않아야 한다.
③ 형태는 매끈하고 편평, 세장한 것이 좋다.
④ 유해물질이 없어야 한다.

해설 콘크리트 골재의 형태는 편평, 세장하지 않아야 한다.

22 콘크리트의 흡수성, 투수성을 감소시키기 위해 사용하는 방수용 혼화제의 종류(무기질계, 유기질계)가 아닌것은?

① 염화칼슘 　② 고급지방산 　③ 실리카질 분말 　④ 탄산소다

해설 탄산나트륨(Na_2CO_3)은 소다회(Soda ash)로도 불리며, 다양한 산업에서 활용되는 알칼리성 화합물이다. 주로 유리 제조, 세제·세정제, 식품 pH 조절, 제약 등에 사용되며, 물에 잘 녹는 특성과 열 안정성을 가진다.

23 다음 중 점토에 대한 설명으로 옳지 않은 것은?

① 습윤 상태에서는 가소성을 가지고 고온으로 구우면 경화되지만 다시 습윤 상태로 만들면 가소성을 갖는다.
② 화학성분에 따라 내화성, 소성 시 비틀림 정도, 색채의 변화 등의 차이로 인해 용도에 맞게 선택된다.
③ 가소성은 점토 입자가 미세할수록 좋고, 또한 미세 부분은 콜로이드로서의 특성을 가지고 있다.
④ 암석이 오랜 기간에 걸쳐 풍화 또는 분해되어 생긴 세립자 물질이다.

해설 점토의 가소성은 수분을 흡착해 형성된 수막이 입자 간 윤활제 역할을 하며, 유기물 혼입 시 숙성 과정에서 가소성이 증가한다. 이는 점토가 습한 상태에서 유연하게 변형될 수 있는 성질을 의미하며, 건조 시 강성(단단함)으로 전환된다. 가소성은 점토의 층상구조와 수분 흡착 능력에 기반하며, 알루미나 함량이 높을수록 가소성이 우수하다.

정답 20 ② 　21 ③ 　22 ④ 　23 ①

24 목재의 강도에 대한 설명 중 가장 거리가 먼 것은?

① 목재는 외력이 섬유방향으로 작용할 때 가장 강하다.
② 힘강도는 전단강도보다 크다.
③ 비중이 크면 목재의 강도는 증가하게 된다.
④ 섬유포화점에서 전건상태에 가까워짐에 따라 강도는 작아진다.

> 해설 목재를 건조시키면 수축 및 반곡(反曲) 등의 변형이 없어질 뿐 아니라 목재의 중량이 줄어 운반하기 편하고 목질을 강하게 하여 강도 및 내구력을 증대시킬 수 있다.

25 다음 조경시설 소재 중 도로 절토, 성토면의 녹화공사, 해안매립 및 호안공사, 하천제방 및 급류 부위의 법면 보호공사 등에 사용되는 코코넛 열매를 원료로 한 천연섬유 재료는?

① 코이어 매트 ② 우드칩 ③ 테라소브 ④ 그린블록

> 해설 코이어 메시라고도 불리는 코이어 매트는 코코넛 껍질에서 추출한 코이어 섬유로 만든 천연 생분해성 제품이다. 코이어 섬유는 강하고 내구성이 뛰어나며 탄력성이 뛰어나 다양한 용도로 사용하기에 적합하다.

26 무근콘크리트와 비교한 철근콘크리트의 특성으로 옳은 것은?

① 공사기간이 짧다.
② 유지관리비가 적게 소요된다.
③ 철근 사용의 주목적은 압축강도 보완이다.
④ 가설공사인 거푸집 공사가 필요 없고 시공이 간단하다.

> 해설 철근콘크리트는 무근콘크리트에 비해 압축강도와 인장강도가 높아져 유지관리비가 절약된다.

27 레미콘 규격이 25-210-12 표시되어 있다면 a-b-c 순서대로 의미가 바른 것은?

① a : 슬럼프, b : 골재 최대 치수, c : 시멘트의 양
② a : 물-시멘트비, b : 압축강도, c : 골재 최대 치수
③ a : 골재 최대 치수, b : 압축강도, c : 슬럼프
④ a : 물-시멘트비, b : 시멘트의 양, c : 골재 최대 치수

> 해설 레미콘의 규격은 골재 최대 치수(mm), 압축강도(kg/cm²), 슬럼프(cm) 순으로 표시한다.

정답 24 ④ 25 ① 26 ② 27 ③

28 내부 진동기를 사용하여 콘크리트 다지기를 실시할 때 내부 진동기를 찔러 넣는 간격은 얼마 이하를 표준으로 하는 것이 좋은가?

① 30cm ② 50cm ③ 80cm ④ 100cm

> 해설 내부 진동기 다지기를 할 때는 내부 진동기를 콘크리트 속으로 10cm 정도 찔러 넣으며 삽입 간격은 50cm 이하로 한다.

29 새끼(볏짚제품)의 용도 설명으로 가장 부적합한 것은?

① 더위에 약한 수목을 보호하기 위해서 줄기에 감는다.
② 옮겨 심는 수목의 뿌리분이 상하지 않도록 감아준다.
③ 강한 햇볕에 줄기가 타는 것을 방지하기 위하여 감아준다.
④ 천공성 해충의 침입을 방지하기 위하여 감아준다.

> 해설 새끼는 굴취시 뿌리분을 감을 때나 추위와 햇볕으로부터 수피를 보호하기 위해 감아주는 용도로 사용한다.

30 서향(Daphne odora Thunb.)에 대한 설명으로 맞지 않는 것은?

① 꽃은 청색계열이다.
② 성상은 상록활엽관목이다.
③ 뿌리는 천근성이고 내염성이 강하다.
④ 잎은 어긋나기하며 타원형이고, 가장자리가 밋밋하다.

> 해설 서향은 상록의 관목으로서 가지가 많이 나뉘어 있다. 특히, 나무껍질의 인피 섬유가 매우 강하여 잡아당기면 길게 벗겨진다. 잎은 긴 타원형으로 광택이 나는 짙은 녹색이며, 긴 잎자루를 가지고 가지에 빽빽하게 붙어 있다. 꽃은 이른 봄에 바깥쪽 부분은 분홍색이고, 안쪽 부분은 흰색으로 핀다. 중국이 원산지로, 향기가 강하며 정원수로 많이 심는다. 서향은 좋은 향이라는 뜻에서 유래된 것으로서 천리향으로도 불린다.

31 팥배나무(Sorbus ainitola K.Koch)의 설명으로 틀린 것은?

① 꽃은 노란색이다. ② 생장속도는 비교적 빠르다.
③ 열매는 조류 유인식물로 좋다. ④ 잎의 가장자리에 이중거치가 있다.

> 해설 팥배나무는 동아시아 원산의 낙엽 활엽 소교목으로, 배꽃과 닮은 흰 꽃과 팥 모양의 붉은 열매를 가진다. 4~5월에 꽃이 피고 9~10월에 열매가 익는다.

정답 28 ② 29 ① 30 ① 31 ①

32 형상은 재두각추체에 가깝고 전면은 거의 평면을 이루며 대략 정사각형으로서 뒷길이, 접촉면의 폭, 뒷면 등이 규격화된 돌로, 접촉면의 폭은 전면 1변의 길이의 1/10 이상이어야 하고, 접촉면의 길이는 1변의 평균 길이의 1/2 이상인 석재는?

① 각석　　　　② 사고석　　　　③ 견치석　　　　④ 판석

해설　견치석(犬齒石) 현대식 석축을 쌓는 데 쓰는, 앞면이 판판하고 네모진 돌. 뒷면으로 갈수록 점차 크기가 줄어든다. (=간지석, 견칫돌, 축댓돌)

33 정원에 사용되는 자연석의 특징과 선택에 관한 내용 중 옳지 않은 것은?

① 경도가 높은 돌은 기품과 운치가 있는 것이 많고 무게가 있어 보여 가치가 높다.
② 정원석으로 사용되는 자연석은 산이나 개천에 흩어져 있는 돌을 그대로 운반하여 이용한 것이다.
③ 돌에는 색채가 있어서 생명력을 느낄 수 있고 검은색과 흰색은 예로부터 귀하게 여겨지고 있다.
④ 부지 내 타 물체와의 대비, 비례, 균형을 고려하여 크기가 적당한 것을 사용한다.

34 다음 중 트래버틴(Travertin)은 어떤 암석의 일종인가?

① 대리석　　　　② 응회암　　　　③ 화강암　　　　④ 안산암

해설　샘에서 솟아 나오는 지하수와 지표수에 의해 퇴적된, 대개는 밝은색이고 결핵체를 이루는 비현정질 또는 현정질의 단단한 탄산염암을 말한다. 트래버틴은 고급 대리석으로 많이 사용되고 있다.

35 목재의 방부법 중 그 방법이 나머지 셋과 다른 하나는?

① 침지법　　　　② 방청법　　　　③ 분무법　　　　④ 도포법

해설　방청법은 금속 표면의 부식을 방지하기 위해 표면에 도포하는 방법이다.

정답　32 ③　33 ③　34 ①　35 ②

36 차량의 통행이 잦은 지역의 가로수로 가장 부적합한 수목은?

① 층층나무　　② 은행나무　　③ 단풍나무　　④ 양버즘나무

> 해설
> • 자동차 배기가스에 강한 수종 : 비자나무, 편백, 화백, 측백나무, 가이즈카향나무, 향나무, 은행나무, 개잎갈나무, 태산목, 식나무, 아왜나무, 감탕나무, 꽝꽝나무, 돈나무, 버드나무, 플라타너스, 층층나무, 무궁화, 개나리, 쥐똥나무 등
> • 자동차 배기가스에 약한 수종 : 소나무, 삼나무, 전나무, 금목서, 은목서, 단풍나무, 벚나무, 목련, 백합나무, 감나무, 수수꽃다리, 화살나무 등

37 수목식재에 가장 적합한 토양의 구성비는? (단, 구성은 토양 : 수분 : 공기의 순서임)

① 50% : 25% : 25%　　② 50% : 10% : 40%
③ 40% : 40% : 20%　　④ 30% : 40% : 30%

> 해설　이상적인 토양의 3상 조건은 고상(토양) 50%, 액상(수분) 25%, 기상(공기) 25%이다.

38 다음 중 목재에 유성페인트 칠을 할 때 가장 관련이 없는 재료는?

① 건성유　　　　　　② 건조제
③ 방청제　　　　　　④ 희석제

> 해설　방청제는 금속 표면에 보호막을 형성하여 목적하는 기간 동안 녹이 발생하는 것을 막는 효과가 있는 물질이다.

39 화강석의 크기가 20cm×20cm×100cm일 때 중량은?(단, 화강석의 비중은 평균 2.60이다)

① 약 50kg　　　　　② 약 100kg
③ 약 150kg　　　　　④ 약 200kg

> 해설　20cm×20cm×100cm×(2.60/1,000)=104kg

정답　36 ③　37 ①　38 ③　39 ②

40 자연석 중 눕혀서 사용하는 돌로 불안감을 주는 돌을 받쳐서 안정감을 갖게 하는 돌의 모양은?

① 평석　　② 입석　　③ 각석　　④ 횡석

해설 자연석의 모양

모양	설명
입석	세워 쓰는 돌로 어디서나 관상할 수 있고, 키가 높아야 효과가 있다.
횡석	눕혀 쓰는 돌로 안정감이 있다.
평석	윗부분이 평평한 돌로 안정감을 주며, 주로 앞부분에 배석한다.
환석	둥근 모양의 돌
각석	각이 진 돌로 3각 또는 4각의 돌
사석	비스듬히 세워서 쓰는 돌
와석	소가 누운 형태로 횡석보다 안정감이 더 있다.
괴석	태호석, 제주도나 흑산도의 현무암 등

41 액체상태나 용융상태의 수지에 경화제를 넣어 사용하며, 내산성 내알칼리성 등이 우수하여 콘크리트, 항공기, 기계부품 등의 접착에 사용되는 것은?

① 라민계 접착제　　② 에폭시계 접착제
③ 페놀계 접착제　　④ 실리콘계 접착제

해설 에폭시계 접착제
유기계 접착제의 한 가지로 에폭시접착제는 에폭시수지, 경화제, 충진제, 희석제 등과 기타 첨가제를 기본 베이스로 하고 있는 열경화성 수지계접착제이다. 에폭시수지는 경화 후의 기계적인 특성이 뛰어나고 접착력이 강하고, 내열성, 전기절연특성도 뛰어나다.

42 조경 수목에 공급하는 속효성 비료에 대한 설명으로 틀린 것은?

① 대부분의 화학비료가 해당된다.
② 늦가을에서 이른 봄 사이에 준다.
③ 시비 후 5~7일 정도면 바로 비효가 나타난다.
④ 강우가 많은 지역과 잦은 시기에는 유실정도가 빠르다.

해설 기비와 추비

구분	효과	시기	목적	종류
기비(밑거름)	지효성	늦가을~이른 봄	지력 회복	두엄, 깻묵, 계분
추비(덧거름)	속효성	봄~가을	수세 회복	질소질비료, 화학비료

정답 40 ④　41 ②　42 ②

43 양버즘나무에 발생된 미국흰불나방을 구제하고자 할 때 가장 효과가 좋은 약제는?

① 디플루벤주론수화제　　　　② 결정석회황합제
② 포스파미돈액제　　　　　　④ 티오파네이트메틸수화제

> **해설** 디플루벤주론은 벤조일우레아 계열의 살충제이다. 이 약제는 특히 미국흰불나방, 목화바구미, 태극나방류, 그리고 다른 나방류 등의 해충을 선택적으로 방제하기 위해 수목 병해 및 작물 병해 예찰용으로 쓰인다.

44 다음 중 내염성이 가장 큰 수종은?

① 사철나무　　② 목련　　③ 낙엽송　　③ 소나무

> **해설**
> - 내염성이 큰 수종 : 비자나무. 곰솔(해송), 노간주나무, 모감주나무. 사철나무. 쥐똥나무, 녹나무, 아왜나무, 광나무, 꽝꽝나무, 태산목, 해당화 등
> - 내염성이 작은 수종 : 독일가문비, 소나무, 단풍나무, 버드나무, 목련 등

45 다음 중 양수에 해당하는 수종은?

① 일본잎갈나무　　② 조록싸리　　③ 식나무　　④ 사철나무

> **해설**
> - 음수 : 주목, 전나무, 비자나무, 독일가문비, 팔손이. 사철나무, 회양목, 굴거리나무, 광나무, 가시나무, 녹나무, 동백나무, 후박나무, 호랑가시나무 등
> - 양수 : 가중나무, 자작나무, 석류나무, 버즘나무, 느티나무, 소나무, 향나무, 일본잎갈나무 등

46 시방서의 설명으로 옳은 것은?

① 설계도면에 필요한 예산계획서이다.
② 공사계약서이다.
③ 평면도, 입면도, 투시도 등을 볼 수 있도록 그려놓은 것이다.
④ 공사개요, 시공방법, 특수재료 및 공법에 관한 사항 등을 명기한 것이다.

> **해설** 시방서는 설계자가 공사를 수행하는 데 필요한 자세한 요구 사항과 지침을 문서화한 것으로, 공사의 품질, 성능 기준, 재료의 종류 및 시공 과정에서 준수해야 할 사항 등을 명확히 규정한다.

정답 43 ①　44 ①　45 ①　46 ④

47 잔디밭에 물을 공급하는 관수에 대한 설명으로 틀린 것은?

① 식물에 물을 공급하는 방법은 지표관개법과 살수관개법으로 나눌 수 있다.
② 살수관개법은 설치비가 많이 들지만 관수 효과가 높다.
③ 수압에 의해 작동하는 회전식은 360°까지 임의 조절이 가능하다.
④ 회전장치가 수압에 의해 지면보다 10cm 상승 또는 하강하는 팝업(pop-up)살수기는 평소 시각적으로 불량하다.

> 해설 팝업 살수기는 지하부에 있는 회전 장치가 살수 시 지상부로 상승하여 작동하고 살수가 끝나면 다시 지하로 돌아가므로 평상시에는 보이지 않으므로 시각적으로 문제가 없다.

48 아왜나무 식재 시 품의 산정은 어느 것을 기준으로 하는가?

① 나무높이에 의한 식재
② 흉고직경에 의한 식재
③ 근원직경에 의한 식재
④ 수관폭에 의한 식재

49 수피가 나무에서 햇빛에 타는 것을 방지하기 위하여 실시해야 할 작업은?

① 낙엽깔기
② 수관주사주입
③ 받침대 세우기
④ 줄기싸기

> 해설 수피가 얇아서 겨울의 동해나 여름에 햇빛에 의한 피소 피해를 받을 수 있는 수종은 새끼나 녹화마대로 수피감기를 해준다.

50 다음 중 밭에 많이 발생하여 우생하는 잡초는 무엇인가?

① 가래　　② 올미　　③ 바랭이　　④ 너도방동사니

> 해설 바랭이는 1년생 잡초로 종자로 번식되며 전 세계에 널리 퍼진 잡초이다. 밭, 밭둑, 길섶 등에서 흔히 자란다. 땅 위를 기면서 줄기 밑부분의 마디에서 새 뿌리가 나와 아주 빠르게 퍼져 나간다. 줄기의 윗 부분은 곧게 서는데 키는 30~70cm 정도이다. 줄기 아래에 나는 잎은 길이 8~20cm, 너비 5~15mm 정도이며 털이 있다.

51 난지형 잔디에 뗏밥을 주는 가장 적합한 시기는?

① 3~4월　　② 5~7월　　③ 9~10월　　④ 11~1월

 정답　47 ④　48 ①　49 ④　50 ③　51 ②

52 우리나라 조선 정원에서 사용되었던 홍예문의 성격을 딴 구조물이라 할 수 있는 것은?

① 트렐리스　　② 정자　　③ 아치　　④ 테라스

해설　홍예문 : 문의 윗부분을 무지개 모양으로 반쯤 둥글게 만든 문

53 여러해살이 화초에 해당되는 것은?

① 베고니아　　② 맨드라미　　③ 금잔화　　④ 금어초

해설　군자란, 제라늄, 란타나, 임파첸스, 금계국, 옥잠화, 작약, 원추리, 맥문동, 베고니아 등

54 외벽을 아름답게 나타내는 데 사용하는 미장 재료는?

① 래커　　② 벽토　　③ 타르　　④ 니스

해설　벽토(壁土)
진흙에 고운 모래, 짚여물, 착색안료와 물을 혼합하여 만든 것이다.
미장 재료 중 벽토는 자연적인 분위기를 살릴 수 있는 재료이다.
전통성을 강조하는 목조주택의 외벽, 토담집 흙벽, 울타리, 담에 사용한다.

55 울타리는 종류나 쓰이는 목적에 따라 높이가 다른데 일반적으로 사람의 침입을 방지하기 위한 울타리의 경우 높이는 어느 정도가 가장 적당한가?

① 50~60cm　　② 80~100cm　　③ 160~180cm　　④ 180~200cm

해설　울타리의 높이
• 경계용 산울타리 : 일반적인 울타리 1.8~2m
• 낮은 울타리 : 정원이나 공원의 잔디밭, 화단 보호를 위한 높이 30~50cm

56 인공적인 수형을 만드는 데 적합한 수목의 특징으로 틀린 것은?

① 자주 다듬어도 자라는 힘이 쇠약해지지 않는 나무
② 병이나 벌레 등에 견디는 힘이 강한 나무
③ 되도록 잎이 작고 잎의 양이 많은 나무
④ 다듬어 줄 때마다 잔가지와 잎가지 보다는 굵은 가지가 잘 자라는 나무

해설　다듬어 줄 때마다 굵은 가지보다 잔가지와 잎가지가 잘 자라는 나무가 인공적 수형을 위한 나무로 좋다.

정답　52 ③　53 ①　54 ②　55 ④　56 ④

57 다음 중 농약의 보조제가 아닌 것은?

① 유인제　　② 증량제　　③ 협력제　　④ 유화제

해설　보조제는 유효성분의 물리성을 증대시켜 보다 효력을 높이고 사용 편의성 개선을 위해 첨가하는 물질로 전착제, 증량제, 용제, 계면활성제(유화제), 협력제(효력증진제), 약해경감제 등이 있으며 보조제 자체로는 효력이 없다.

58 도시 내부와 외부의 관련이 매우 좋으며, 재난 시 시민들의 빠른 대피에 큰 효과를 발휘하는 녹지 형태는?

① 방사식　　② 평행식　　③ 분산식　　④ 환상식

해설　녹지계통 형식
- 분산식 : 생태적 안정성은 낮으나 접근성이 높아 대도시에 적합
- 환상식 : 도시 확대 방지를 위한 방식이다. 균형 잡힌 녹지체계 성립이 가능하고 접근성도 좋으나 생태적·기능적 역할에는 부적격 : 오스트리아 비엔나, 하워드 전원도시론, 그린벨트
- 집중형 : 생태적 안정성은 높으나 접근성이 낮아 소도시에 적합
- 방사식 : 집중형 녹지계통에 접근성을 높여주는 방식 : 독일의 하노버, 버스바덴, 미국의 인디애나폴리스, 뉴저지 레드번
- 방사환상식(쐐기형) : 방사식 + 환상식 : 독일의 쾰른
- 방사분산식
- 위성식 : 대도시에 적용, 인구 분산을 위해 환상 내부에 녹지대를 형성하고 녹지대 내에 소 시가지를 위성으로 배치하는 방식
- 평행식(대상형) : 도시형태가 대상형일 때 띠 모양으로 평행하게 조성 : 스페인의 마드리드, 러시아의 스탈린그리드, 미국의 워싱턴 D.C
- 격자형 : 평행형 + 대상형을 격자형태로 조성, 가로수와 소공원을 연결하여 녹지 연결성을 높이고 접근성도 높다. 생태적인 기능은 적다 : 인도의 찬디가르(르꼬르뷔제에 의해 계획된 도시), 미국의 캔사시스
- 원호형 : 일정 폭의 녹지가 곡선으로 길게 연결된 형태로 대상형과 비슷하나 원호형은 비정형이다. 녹지가 한쪽으로 치우치는 경향이 있다.
- 유기체형(비정형) : 새 모양과 같은 동물 모양으로 도시 골격을 구성하여 녹지를 주택지에 인접시켜 필요 지역에 배치시킨 형태 : 브라질리아

정답　 ①　 ①

59 표면건조 내부 포화상태의 골재에 포함하고 있는 흡수량의 절대 건조상태의 골재 중량에 대한 백분율은 다음 중 무엇을 기초로 하는가?

① 골재의 함수율
② 골재의 조립률
③ 골재의 표면수율
④ 골재의 흡수율

> **해설** 골재의 흡수율은 골재가 포화상태에서 흡수할 수 있는 물의 양을 건조 중량 대비 백분율로 나타낸 지표로, 콘크리트의 강도, 내구성, 워커빌리티에 직접적인 영향을 미친다.

60 다음에서 설명하는 해충으로 가장 적합한 것은?

- 유충은 적색, 분홍색, 검은색이다.
- 끈끈한 분비물을 분비한다.
- 식물의 어린잎이나 새가지, 꽃봉오리에 붙어 수액을 빨아먹어 생육을 억제한다.
- 점착성 분비물을 배설하여 그을음병을 발생시킨다.

① 응애
② 진딧물
③ 솜벌레
④ 깍지벌레

정답 59 ④ 60 ②

2023년 제3회 CBT 복원문제

01 조경양식 발생요인 가운데 사회 환경 요인이 아닌 것은?

① 민족성　② 사상　③ 종교　④ 기후

해설　기후, 지형 등은 자연환경 요인에 해당한다.

02 서양에서 정원이 건축의 일부로 종속되던 시대에서 벗어나 건축물을 정원양식의 일부로 다루려는 경향이 나타난 시대는?

① 중세　② 고대　③ 르네상스　④ 현대

해설　르네상스 시대에 들어서 건물 중심이 아닌 정원 중심의 조경이 발달하였다.

03 사적지 조경 시 민가 뒤뜰에 식재하는 수종으로 잘 어울리지 않는 것은?

① 버즘나무　② 앵두나무　③ 감나무　④ 대추나무

해설　우리나라 민가 뒤뜰에는 녹음수 보다 유실수 위주로 식재하였다.

04 일본의 정원양식 중 다음 설명에 해당하는 것은?

> • 5세기 후반에 바다의 경치를 나타내기 위해 사용하였다.
> • 정원 소재로 왕모래와 몇 개의 바위만으로 정원을 꾸미고, 식물은 일체 쓰지 않았다.

① 다정양식　② 침전조정원양식
③ 축산고산수양식　④ 평정고산수양식

해설　무로마치 시대인 14C~15C 후반까지 선종의 영향으로 발달된 조경양식으로 일본 조경의 황금기라 할 수 있는 고산수식 정원은 축산고산수식과 평정고산수식으로 나눌 수 있다.
• 축산고산수식 정원의 대표적인 정원은 대덕사 대선원이다. 나무, 바위, 왕모래를 사용하여 정원을 표현하였다. 나무는 산봉우리, 바위는 폭포, 왕모래는 냇물을 상징적으로 표현한다.
• 평정고산수식 정원으로는 용인사 방장선원을 들 수 있다. 식물 재료인 나무마저 생략하고 바위와 왕모래만으로 이루어진 정원이다. 평지에 바위를 세우고 왕모래를 깔아 섬과 바닷물을 연상시키고, 바다의 경치를 극도로 추상화하여 표현하였다.

정답　01 ④　02 ③　03 ①　04 ④

05 고대 로마의 정원 배치는 3개의 중정으로 구성되어 있었다. 사적인 기능을 가진 제2중정에 속하는 곳은?

① 아트리움　　　② 지스터스　　　③ 페리스틸리움　　　④ 아고라

> **해설** 고대 로마의 주택정원은 3개의 중정으로 나눌 수 있다.
> - 제1중정, 아트리움(Atrium)
>   - 손님맞이용 공적 공간 기능
>   - 무열주 중정
>   - 여러 개의 방들이 아트리움 향해 배치
> - 제2중정, 페리스틸리움(Peristylium)
> - 가족들의 사적 공간, 제2의 거실 공간, 주정 역할
> - 주랑식 중정
> - 바닥 : 포장하지 않음, 흙을 깔아 식재 가능(작은 5점 형 식재)
> - 후원, 지스터스(Xystus)
> - 담으로 둘러싸인 정원, 폭넓은 수로 중심으로 원로와 화단 대칭 배치
> - 5점 형 식재
> - 규모가 큰 집, 화초, 관목 군식, 과수원, 채소원

06 조선시대 중엽 이후 풍수설에 따라 주택조경에서 새로이 중요한 부분으로 강조된 것은?

① 앞뜰　　　② 뒤뜰　　　③ 안뜰　　　④ 가운데뜰

> **해설** 조선시대 중엽 이후 풍수지리설에 따른 지형적인 영향으로 인해 안채의 뒤쪽에 정원을 조성하는 후원이 발달하였다.

07 부귀나 영화를 등지고 자연과 벗하며 농사를 경영하고 살기 위해 세운 주거를 별서(別墅) 정원이라 한다. 우리나라에 현존하는 대표적인 것은?

① 윤선도의 부용동 원림　　　② 이덕유의 평천산장
③ 강릉의 선교장　　　④ 구례의 운조루

> **해설** 부용동 정원은 고산이 직접 조성한 생활공간이자 놀이공간으로 조선시대의 대표적인 별서정원에 해당한다. 누정이 누각과 정자를 아울러 이르는 말이라면, 별서는 농장이나 들이 있는 부근에 한적하게 따로 지은 집을 말한다. 고산의 '어부사시사'는 이 같은 별서를 배경으로 창작되었다.
> 오늘날 남아 있는 부용동 정원은 크게 세 구역으로 나누어 볼 수 있다. 우선 거처하는 살림집인 낙서재 주변과 그 맞은편 산 중턱의 휴식공간인 동천석실 주변, 그리고 부용동 입구에 있는 놀이의 공간이라 할 세연정 주변이다.
> 이처럼 윤선도는 당쟁으로 시끄러운 세상과 멀리 떨어진 자신의 낙원에서 마음껏 풍류를 누렸다. 여기에서 그는 자연과 더불어 살아가는 어부의 소박한 생활을 창의적으로 그려내고 있다.

 정답 05 ③　06 ②　07 ①

08 고려시대 조경수법은 대비를 중요 시 하는 양상을 보인다. 어느 시대의 수법을 받아들였는가?

① 신라시대 수법　　　　　　② 일본 임천식 수법
③ 중국 당시대 수법　　　　　④ 중국 송시대 수법

09 1856년 미국 뉴욕의 중앙공원(Central park)을 설계한 사람은 누구인가?

① 브라운　　② 옴스테드　　③ 하워드　　④ 르코르뷔지에

> **해설** 1850년 저널리스트인 윌리엄 브라이언트(William Bryant)가 〈뉴욕 포스트〉지에 이 땅에 공원을 건설하자는 캠페인을 기고한 것을 계기로 1856년조경가 프레드릭 로 옴스테드(Frederick Law Olmsted)와 건축가 캘버트 복스(Calvert Vaux)가 공원 조성을 시작하였다. 1858년 공원 중앙의 호수 지역부터 공개를 시작하여 여러 단계의 조성을 가쳐 1876년 완공했다.

10 먼셀표색계의 10색상환에서 서로 마주보고 있는 색상의 짝이 잘못 연결된 것은?

① 빨강(R) - 청록(BG)　　　　② 노랑(Y) - 남색(PB)
③ 초록(G) - 자주(RP)　　　　④ 주황(YR) - 보라(P)

> **해설** 주황(YR) - 파랑(B)

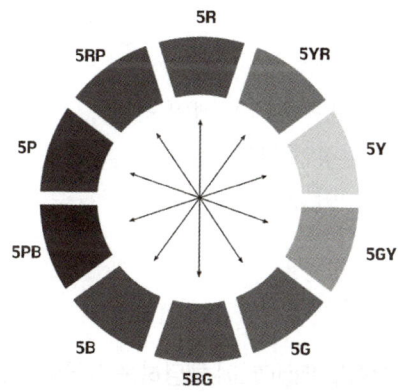

11 조경미의 원리 중 대비가 불러오는 심리적 자극으로 가장 거리가 먼 것은?

① 반대　　② 안정　　③ 대립　　④ 변화

정답 08 ④　09 ②　10 ④　11 ②

12 색채와 자연환경에 대한 설명으로 옳지 않은 것은?

① 풍토색은 기후와 토지의 색, 즉 지역의 태양 빛, 흙의 색 등을 의미한다.
② 지역색은 그 지역의 특성을 전달하는 색채와 그 지역의 역사, 풍속, 지형, 기후 등의 지방색과 합쳐 표현된다.
③ 지역색은 환경색채계획 등 새로운 분야에서 사용되기 시작한 용어이다.
④ 풍토색은 지역의 건축물, 도로환경, 옥외광고물 등의 특징을 갖고 있다.

13 '면적대비'의 설명으로 틀린 것은?

① 면적 크기에 따라 명도와 채도가 다르게 보인다.
② 면적 크고 작음에 따라 색이 다르게 보이는 현상이다.
③ 면적 작은 색은 실제보다 명도와 채도가 낮아져 보인다.
④ 동일한 색이라도 면적이 커지면 어둡고 칙칙해 보인다.

14 가법혼색의 설명으로 틀린 것은?

① 2차색은 1차색에 비하여 명도가 높아진다.
② 빨강 광원에 녹색 광원을 흰 스크린에 비추면 노란색이 된다.
③ 가법혼색의 삼원색을 동시에 비추면 검정이 된다.
④ 파랑에 녹색 광원을 비추면 시안(cyan)이 된다.

15 조선시대 선비들이 즐겨 심고 가꾸었던 사절우(四節友)에 해당하는 식물이 아닌 것은?

① 난초　　　　　　　　　　② 대나무
③ 매화나무　　　　　　　　④ 국화

> **해설**　• 사절우(四節友) : 매화(梅), 국화(菊), 대나무(竹), 소나무(松)
> 　　　　• 사군자(四君子) : 매화(梅), 난초(蘭), 국화(菊), 대나무(竹)

정답　12 ④　13 ④　14 ③　15 ①

16 목재를 연결하여 움직임이나 변형 등을 방지하고, 거푸집의 변형을 방지하는 형물로 사용하기 가장 부적합한 것은?

① 볼트, 너트   ② 못   ③ 꺾쇠   ④ 리벳

> **해설** 리벳(Rivet)
> 강판 두 장에 구멍을 뚫고 이 무른 금속 못을 구멍에 끼워 넣은 뒤 지름이 얇은 쪽을 해머로 강하게 내리쳐 납작하게 눌러주면 리벳이 유격없이 두 판재를 양쪽으로 스테이플러 처럼 고정하므로 거푸집의 변형을 방지하기 위해 사용하기에 부적합하다.

17 차경에 대한 설명 중 적당하지 않은 것은?

① 멀리 바라보이는 자연 풍경을 경관 구성 재료의 일부분으로 이용하는 수법이다.
② 전망이 좋은 곳에서 쉽게 적용시킬 수 있는 수법이다.
③ 축을 강조하는 정원 양식에서 특히 많이 사용된다.
④ 차경을 이용할 때 정원은 깊이가 있게 된다.

> **해설** 축을 강조하는 정원은 정형식 정원이다.

18 조경 수목의 근원 직경을 측정하는 기구를 무엇이라 하는가?

① 윤척   ② 덴시오미터   ③ 플래니미터   ④ 순또측고기

> **해설**
> • 윤척 : 통나무 따위의 직경을 측정하는 기구
> • 덴시오미터 : 토양수분 측정 기구
> • 플래니미터 : 제도 시 부정형 면적 측정 기구
> • 순또측고기: 수고 및 경사도 측정 기구

19 한국산업규격 KS 규격 표시에서 토목은 어느 부문으로 분류되는가?

① A   ② D   ③ F   ④ H

> **해설**
> • KS A : 기본부문 (기본일반/방사선관리/가이드/인간공학/기타)
> • KS D : 금속부문 (금속일반/원재료/강재/주철/기타)
> • KS F : 건설부문 (건설일반/시험, 검사, 측량/재료, 부재/시공/기타)
> • KS H : 식료품부문 (식품일반/농산물가공품/축산물가공품/수산물가공품/기타)

  16 ④   17 ③   18 ①   19 ③

20 색을 표시하는 체계를 표색계라 한다. 이 중 색을 3속성(색상, 명도, 채도)에 의해 질서 있게 표시하는 현색계에 해당하지 않는 것은?

① 먼셀 ② NCS ③ DIN ④ CIS

해설 현색계는 인간의 색 지각에 기반해 색상, 명도, 채도의 3속성으로 색을 체계화한 표색계이다. 대표적인 체계로는 먼셀, KS(한국산업규격), NCS(스웨덴 국가 표준색 체계), DIN(독일공업규격), OSA/UCS 등이 있다.

21 조건등색 즉, 다른 두 색이 같은 조건 아래서 같은 색으로 보이는 현상은?

① 면적효과 ② 동화효과 ③ 메타메리즘 ④ 색의 잔상

해설 메타메리즘
메타메리즘은 분광 반사율이 다른 두 색상이 특정 조명 조건에서 동일한 색으로 인식되는 현상을 의미한다. 이는 광원의 스펙트럼 분포와 인간의 시각적 특성 차이로 인해 발생하며, 색상 재현 및 관리에 영향을 미친다.

22 다음 중 이식이 잘 안되는 수종은?

① 버드나무 ② 가시나무 ③ 사철나무 ④ 은행나무

해설
- 이식이 어려운 수종
  독일가문비, 가시나무, 굴거리나무, 태산목, 후박나무, 때죽나무, 피라칸타, 목련, 느티나무, 전나무, 감나무, 주목, 자작나무, 칠엽수, 마가목, 낙엽송 등
- 이식이 쉬운 수종
  편백, 화백, 측백나무, 가이즈카향나무, 낙우송, 메타세쿼이아, 은행나무, 버즘나무, 단풍나무류, 쥐똥나무, 사철나무, 박태기나무, 화살나무, 명자나무 등
- 조경수목의 구비 조건
  - 이식이 용이하여 이식 후에도 활착이 잘 되는 것
  - 관상가치와 실용적 가치가 높은 것
  - 불리한 환경에서도 견딜 수 있는 힘이 강한것
  - 번식이 잘 되고 손쉽게 다량으로 구입이 가능한 것
  - 이식 후 병해충에 대한 저항성이 강할 것
  - 이식 후 다듬기 작업 등 유지관리가 용이할 것
  - 주변환경과 조화를 이루며 사용목적에 적합할 것

정답 20 ④ 21 ③ 22 ②

23 다음 [보기]와 같은 특성을 지닌 정원수는?

> • 형상수로 많이 이용되고, 가을에 열매가 붉게 된다.
> • 내음성이 강하며, 비옥지에서 잘 자란다.

① 쥐똥나무   ② 주목
③ 화살나무   ④ 산수유

해설 형상수(Topiary)
- 일정한 수형을 지속적으로 유지해야 하므로 겨울에 잎이 지는 낙엽활엽수 보다 상록침엽수를 많이 사용한다. 상록침엽수는 낙엽활엽수보다 성장속도가 느려 수형의 유지관리가 적게 필요한 장점이 있다.
- 상록침엽수 중에서도 잔가지가 밀생하고 잎의 밀도가 높으며 전정 시 맹아가 강하게 나오는 수종을 선택해야 수관의 밀도를 높일 수 있다. 전정 시 가지가 늦게 발생하는 수목은 가지와 잎으로 이루어진 수관의 밀도가 낮아져 줄기가 드러나게 되며, 원하는 형상을 명확하게 드러낼 수 없으므로 형상수의 역할을 수행하는데 어려움이 있다.
- 여러 상록침엽수를 형상수의 대상 수목으로 사용할 수 있지만 주로 활용하는 것은 향나무와 주목이다.

24 다음 중 순공사원가에 해당되지 않는 것은?

① 이윤   ② 경비   ③ 재료비   ④ 노무비

해설 총공사비=순공사비(재료비+노무비+경비)+일반관리비+이윤+세금

25 조경 재료 중 소석회에 모래, 해초풀(교착력 증진) 등을 물에 섞어 이긴 것을 무엇이라 하는가?

① 벽토   ② 멘트 풀
③ 회반죽   ④ 시멘트페이스트

해설 소석회, 모래, 여물, 해초풀 등을 섞어 만든 미장용 반죽으로 목조 바탕, 콘크리트블록, 벽돌 바탕 등에 흙손으로 발라서 벽체나 천장 등을 보호하며 미화하는 효과를 가지게 한다. 가수량이 불충분하면 벽면에 팽창성 균열이 생긴다.

 정답 23 ② 24 ① 25 ③

26 조경공사 시행의 적정을 기하기 위한 표준을 명시하며, 공사에 관한 사항을 보편적으로 기술한 시방서는?

① 특기시방서　　② 특별시방서　　③ 특수시방서　　④ 표준시방서

> **해설** 표준시방서(specification 또는 spec.)
> 시설물의 안전 및 공사시행의 적정성과 품질확보 등을 위하여 시설물별로 정한 표준적인 시공기준으로서, 전문시방서를 작성하거나 또는 설계 등의 용역자가 공사시방서를 작성하는 경우에 활용하기 위한 시공기준을 명시한 시방서다.

27 골재의 표면수는 없고, 골재 내부에 빈틈이 없도록 물로 차 있는 상태는?

① 기건상태　　　　　　　　② 습윤상태
③ 절대건조상태　　　　　　④ 표면건조 포화상태

> **해설** 골재의 내부 공극에는 물이 가득 차 있고, 골재의 표면에는 물이 없는 상태. 골재의 비중측정·흡수량 측정 및 콘크리트의 시방배합도 모두 표면건조포화상태에서의 골재에 대해서 행하도록 규정되어 있음

28 크기가 지름 20~30cm 정도의 것이 크고 작은 알로 고루고루 섞여져 있으며 형상이 고르지 못한 큰 돌이라 설명하기도 하며, 큰 돌을 깨서 만드는 경우도 있어 주로 기초용으로 사용하는 석재의 분류명은?

① 산석　　② 잡석　　③ 판석　　④ 야면석

> **해설** 지름 20~30cm 정도의 형상이 고르지 못한 막 생긴 돌. 막(깬)돌, 석재의 시장형, 잡석지정, 잡석다짐 등에 쓰임. 개울에서 나는 지름 200mm정도의 둥근돌을 둥근잡석 또는 호박돌이라 하고 큰 것을 깨뜨려 쓰기도 함.

29 다음 중 고광나무(Philadelphus schrenki)의 꽃 색깔은?

① 백색　　② 적색　　③ 황색　　④ 자주색

> **해설** 고광나무는 우리나라 각처의 골짜기에서 자라는 낙엽 관목이다. 생육환경은 토양의 물 빠짐이 좋고 주변습도가 높으며 부엽질이 풍부한 곳에서 자란다. 키는 2~4m가량이고, 잎은 마주나기하며 길이 7~13cm, 폭 4~7cm로 표면은 녹색이고 털이 거의 없으며, 뒷면은 연녹색으로 잔털이 있고 달걀 모양을 하고 있다. 가지는 2개로 갈라지고 작은 가지는 갈색으로 털이 있으며 2년생 가지는 회색이고 껍질이 벗겨진다. 꽃은 정상부 혹은 잎이 붙은 곳에서 긴 꽃대에 여러 개의 꽃들이 백색으로 달리고 향이 있다. 열매는 9월경에 길이 0.6~0.9cm, 직경 0.4~0.5cm로 타원형으로 달린다.

정답 26 ④　27 ④　28 ②　29 ①

30 터파기 공사를 할 경우 평균 부피가 굴착 전 보다 가장 많이 증가하는 것은?

① 모래　　　② 자갈　　　③ 암석　　　④ 보통 흙

> **해설** 흐트러진 상태의 부피는 공극량에 따라 '암석>자갈>보통흙>모래' 순으로 증가한다.

31 다음 중 방위각 150°를 방위로 표시하면 어떻게 표현하는가?

① N 30°E　　　② S 30°E　　　③ S 30°W　　　④ N 30°W

> **해설** S 180°-방위각 E → S 180°-150°E=S 30°E
>
> | 방위각 | 방위 |
> |---|---|
> | 0~90° | N 방위각 E |
> | 90~180° | S 180°-방위각 E |
> | 180~270° | S 방위각-180°W |
> | 270~360° | N 360°-방위각 W |

32 표면이 높은 곳의 꼭대기 점을 연결한 선으로, 빗물이 이것을 경계로 좌우로 흐르게 되는 선을 무엇이라 하는가?

① 능선　　　② 경사변환점　　　③ 방향변환점　　　④ 계곡선

> **해설** 능선은 골짜기와 골짜기 사이에 있는 산등성이로 분수계(分水界)를 이루고 있는 곳으로, 산봉우리와 산봉우리가 이어져 산지의 등줄기를 이루며 이를 산주리 또는 산등성이라고도 한다. 능선의 높은 부분을 봉우리 또는 산정(山頂)이라 하며, 낮은 부분을 고개 또는 안부(鞍部)라 한다.

33 도료의 성분에 의한 분류로 틀린 것은?

① 유성바니시 : 수지+건성유+희석제
② 합성수지도료(용제형) : 합성수지+용제+안료
③ 수성페인트 : 합성수지+용제+안료
④ 생칠 : 옻나무에서 채취한 그대로의 것

> **해설** 수성페인트의 주요 성분
> - 물 : 페인트의 주성분으로, 안료와 수지를 분산시키는 역할을 한다.
> - 아크릴 에멀젼/애나멜 에멀젼 : 친수성 합성수지로, 내구성과 내수성을 개선한 수성페인트에 사용한다.
> - 안료 : 색상을 내는 성분으로, 물에 분산되어 도막에 색상을 부여한다.
> - 수용성 교착제 : 전분, 카세인, 아교 등이 혼합되어 페인트의 접착력을 높인다.

정답 30 ③　31 ②　32 ①　33 ③

34 땅속 줄기가 옆으로 뻗으면서 죽순이 나와서 높이 2~20m, 지름 2~5cm 정도로 자라며 속이 비어 있다. 줄기가 첫해에는 녹색이고, 2년째부터 검은 자색이 짙어져 간다. 잎은 바소 모양이고 잔톱니가 있으며 어깨털은 5개 내외로 곧 떨어지는 반죽이라고 불리는 수종은?

① 왕대 ② 오죽 ③ 조릿대 ④ 맹종죽

해설 바소(模樣) 모양
잎이나 꽃잎 따위의 모양을 나타내는 말의 하나. 대의 잎처럼 가늘고 길며 끝이 뾰족한 모양이다. (= 침형, 피침형, 바소꼴, 피침모양)

35 다음 보기에서 설명하는 수종은?

- 낙엽활엽교목으로 부채꼴형 수형이다.
- 야합수(夜合樹)라 불리기도 한다.
- 여름에 피는 꽃은 분홍색으로 화려하다.
- 천근성 수종으로 이식에 어려움이 있다.

① 자귀나무 ② 은목서
③ 치자나무 ④ 서향

해설 자귀나무는 쌍떡잎식물 장미목 콩과의 낙엽소교목이다. 부부의 금실을 상징하는 나무로 합환수(合歡樹)·합혼수·야합수·유정수라고도 한다. 꽃은 연분홍색으로 6~7월에 피고 작은 가지 끝에 15~20개씩 산형(傘形)으로 달린다.

36 목련과(Magnola) 수종 중에서 잎이 상록인 수종은 어느 것인가?

① 함박꽃나무 ② 태산목
③ 일본목련 ④ 자목련

해설 태산목은 양옥란(洋玉蘭)이라고도 한다. 높이 약 20~30m이다. 가지와 겨울눈에 털이 난다. 잎은 어긋나고 긴 타원형이거나 긴 달걀을 거꾸로 세워놓은 모양이고 길이 10~20cm, 너비 5~10cm이다. 끝이 둔하고 혁질(革質:가죽 같은 질감)이다. 겉면은 짙은 녹색으로서 윤기가 있고 뒷면에는 갈색 털이 빽빽이 나며 가장자리가 밋밋하다. 꽃은 5~6월에 흰색으로 피는데, 지름 15~20cm이고 가지 끝에 위를 향하여 1개씩 달린다.

 정답 34 ② 35 ① 36 ②

37 층층나무과에 해당하는 산딸나무와 층층나무를 구별하는 근거가 될 수 있는 것으로 가장 적당한 것은?

① 측맥의 수
② 나무의 높이
③ 잎의 마주나기와 어긋나기
④ 잎의 색깔과 열매의 모양

> 해설 산딸나무는 잎이 마주나고(대상), 층층나무는 잎이 어긋난다(호생).

38 다음 중 단풍나무류(Acer)에 속하지 않는 것은?

① 신나무   ② 붉나무   ③ 고로쇠나무   ④ 복자기나무

> 해설 붉나무(sumac)는 무환자나무목 옻나무과에 해당한다.

39 토량의 변화에서 체적비(변화율)는 L과 C로 나타낸다. 다음 설명 중 올바르지 않은 것은?

① L값은 경암보다 모래가 더 크다.
② C는 다져진 상태의 토량과 자연상태의 토량의 비율이다.
③ 성토, 절토 및 사토량의 산정은 자연상태의 양을 기준으로 한다.
④ L은 흐트러진 상태의 토량과 자연상태의 토량의 비율이다.

> 해설 토량의 증가율 L
> 모래 15%, 보통흙 20~30%, 암석 50~80% 정도 부피가 증가한다.

40 뿌리분의 크기를 구하는 식으로 가장 적합한 것은? (단, N은 근원직경, n은 흉고직경, d는 상수이다.)

① $24-(n-3)+d$
② $24-(n-3)-d$
③ $24+(N+3) \div d$
④ $24+(N-3) \times d$

41 다음 중 평판측량에 사용되는 기구가 아닌 것은?

① 삼각대   ② 앨리데이드   ③ 레벨   ④ 평판

> 해설 평판측량은 평판과 엘리데이드 등을 사용해 현장에서 직접 지형·지물을 측량하고 도면에 기록하는 방법이다. 주로 지형도 제작, 지적측량, 산림·광업 측량에 활용되며, 간단한 기구와 신속한 작업이 특징이다.
> • 사용 기구 : 엘리데이드, 구심기, 평판, 삼발이, 자침기(방위), 줄자, 홀대

정답 37 ③ 38 ② 39 ① 40 ④ 41 ③

42 다음 재료 중 할증률이 다른 것은?

① 목재(각재)　　② 시멘트벽돌　　③ 원형철근　　④ 합판(일반용)

해설 재료의 할증률
- 3% : 붉은벽돌, 내화벽돌, 경계블럭, 합판(일반용), 타일, 무근콘크리트 구조물
- 4% : 블럭, 포장콘크리트
- 5% : 목재(각재), 합판(수장용) 아스팔트, 시멘트벽돌, 호안블럭, 원형철근
- 10% : 조경용수목, 잔디, 목재(판재), 석재판붙임(정형돌)
- 30% : 석재판붙임(부정형), 원석(마름돌)

43 다음 중 유자격자는 모두 입찰에 참여할 수 있으며, 균등한 기회를 제공하고, 공사비 등을 절감할 수 있으나 부적격자에게 낙찰될 우려가 있는 입찰방식은?

① 특명입찰　　② 수의계약　　③ 일반경쟁입찰　　④ 지명경쟁입찰

해설
- 일반경쟁입찰 : 물품·공사·용역 계약을 체결할 때 다수의 업체가 자유롭게 참여해 경쟁을 통해 낙찰자를 선정하는 방식
- 특명입찰 : 건축주가 해당 공사에 가장 적격한 단일 도급업자를 지명하여 입찰시키는 방식
- 수의계약 : 경쟁이나 입찰에 따르지 아니하고, 일방적으로 상대방을 골라서 맺는 계약
- 지명경쟁입찰 : 건축주가 공사에 적격하다고 인정되는 3~7곳의 시공회사를 선정하여 입찰시키는 방식

44 표준품셈에서 조경용 초화류 및 잔디의 할증률은 몇 %인가?

① 1%　　② 3%　　③ 5%　　④ 10%

45 목재의 심재와 비교한 변재의 실적인 특징 설명으로 틀린 것은?

① 재질이 단단하다.　　② 흡수성이 크다.
③ 수축변형이 크다.　　④ 내구성이 작다.

해설 심재와 변재는 나무 단면에서 중심부와 바깥쪽의 목질부를 구분하는 용어로, 생리적 기능과 물리적 특성에 차이가 있다.
- 심재 물리적 특성 : 강도가 높고 함수율이 낮아 변형이 적으며, 균과 곤충에 대한 저항성이 뛰어나다.
- 변재 물리적 특성 : 함수율이 높아 변형과 부패에 취약하며, 강도가 낮고 신축성이 크다.

 정답　42 ④　43 ③　44 ④　45 ①

46 농약의 사용목적에 따른 분류 중 응애류에만 효과가 있는 것은?

① 살균제　　② 살충제　　③ 살비제　　④ 살초제

> **해설**
> • 살비제 : 응애류만 죽일 목적으로 쓰이는 약제
> • 살균제 : 병원균을 죽이는 목적으로 쓰이는 약제
> • 살충제 : 해충을 방제할 목적으로 쓰이는 약제
> • 살초제 : 잡초를 제거하는 데 쓰이는 약제

47 회양목명나방의 생태에 관한 설명으로 틀린 것은?

① 경제적 피해 수종은 회양목에 국한된다.
② 엽육을 갉아먹어 엽맥만 남으므로 앙상한 모습을 보인다.
③ 유충이 실을 토하여 잎을 묶고, 그 속에서 가해한다.
④ 1년에 2번 발생한다.

> **해설** 회양목명나방(Glyphodesperspectalis)
> 연 2~3회 발생하며 유충으로 월동한다. 유충은 4월 하순과 7월 하순에 나타나서 약 25일간 가해한 후 번데기가 된다. 성충은 6월, 8월 중순~9월 상순에 나타난다. 유충이 잎 여러 개나 작은 가지를 묶고 그 속에서 가해한다. 피해가 심할 경우 피해 부위가 말라 죽는다.

48 다음 중 병원체의 월동 방법 중 기주(寄主) 체내에 잠재하여 월동하는 병원균은?

① 잣나무털녹병균　　② 오리나무갈색무늬병
③ 묘목의 모잘록병균　　④ 밤나무뿌리혹병균

> **해설** 잣나무털녹병 (병원균 Cronartium ribicola)
> Cronartium ribicola는 잣나무와 같은 침엽수를 감염시키는 외래 병원균으로, 2단계 생활사(기주 전환)를 가진다. 잣나무의 바늘잎에 털 모양의 황색 또는 주황색 반점을 형성한다.
> • 전염경로 : 병원균은 송이풀과 까치밥나무에서 생성된 포자를 통해 잣나무로 전염되며, 바람과 비에 의해서 포자가 확산되며, 중간기주인 식물에서 나온 포자가 바람에 실려 잣나무로 전염된다.

  46 ③　47 ②　48 ①

49 농약의 물리적 성질 중 살포하여 부착한 약제가 이슬이나 빗물에 씻겨 내리지 않고 식물체 표면에 묻어 있는 성질을 무엇이라 하는가?

① 현수성(suspensibility)　　② 고착성(tenacity)
③ 부착성(adhesiveness　　　④ 침투성(penetrating)

> **해설**
> - 부착성 : 약제가 표면에 잘 부착되는 성질
> - 고착성 : 약제가 비에 씻겨 내리지 않고 오래도록 표면에 붙어 있는 성질
> - 침투성 : 살포한약제가 대상 식물이나 해충의 체내로 침투 및 스며드는 성질
> - 현수성 : 수화제 분말이 희석액 중에 침전되거나 떠오르지 않고 오랫동안 균일하게 분산상태를 유지하는 성질

50 다음 중 경사면 붕괴에 가장 크게 영향을 미치는 수분은 무엇인가?

① 자유수　　② 결합수　　③ 흡습수　　④ 모세관수

> **해설** 자유수는 토양수분 장력(pF)이 거의 없어 토양에 흡착되지 않으며 자유롭게 이동할 수 있는 수분을 말한다.

51 40%(비중 =1)의 어떤 유제가 있다. 이 유제를 1,000배로 희석하여 10a 당 9L를 살포하고자 할 때, 유제의 소요량은 몇 ㎖인가?

① 5㎖　　② 6㎖　　③ 9㎖　　④ 10㎖

> **해설** 소요량=(살포량/희석배수)=9L/1,000=9,000㎖/1,000=9㎖

52 다음 보기의 식물들이 모두 사용되는 정원 식재 작업에서 가장 먼저 식재를 진행해야 할 수종은 무엇인가?

> 소나무, 수수꽃다리, 영산홍, 잔디

① 잔디　　② 영산홍　　③ 수수꽃다리　　④ 소나무

> **해설** 큰 나무부터 작은 나무, 지피류 순으로 식재한다.

정답 49 ②　50 ①　51 ③　52 ④

53 다음 중 생리적 산성비료는?

① 요소   ② 용성인비   ③ 석회질소   ④ 황산암모늄

해설 생리적 산성비료
비료 자체의 반응이 아니라, 토양 중에서 식물 뿌리의 흡수작용 또는 미생물이 작용을 받은 뒤 산성을 나타내는 비료 유안(황산암모늄), 염안(염화암모늄) 등이 여기에 속한다.

54 곰팡이가 식물에 침입하는 방법은 직접 침입, 자연개구부 침입, 상처 침입으로 구분할 수도 있다. 다음 중 직접 침입이 아닌 것은?

① 피목 침입   ② 흡기로 침입
③ 세포 간 균사로 침입   ④ 흡기를 가진 세포 간 균사로 침입

해설 자연개구부 침입에는 기공, 수공, 피목, 밀선 침입이 있다.

55 천적을 이용해 해충을 방제하는 방법은?

① 물리적 방제   ② 화학적 방제
③ 생물적 방제   ④ 임업적 방제

해설 생물적 방제는 해충이나 병원균을 자연적 천적이나 유익한 미생물로 제어하는 환경친화적 방제법이다. 이는 화학적 방제보다 생태계 파괴를 최소화 할 수 있다.

56 공사원가에 의한 공사비 구성 중 안전관리비가 해당되는 것은?

① 경비   ② 간접재료비   ③ 간접노무비   ④ 일반관리비

해설 경비는 공사의 시공을 위하여 소요되는 공사원가 중 재료비와 노무비를 제외한 비용을 말한다.
㉠ 전력비, 수도광열비, 운반비, 기계경비, 특허권사용료, 기술료, 연구개발비, 품질관리비, 보험료, 보관비, 외주가공비, 산업안전보건관리비, 폐기물처리비, 도서인쇄비, 안전관리비 등

정답 53 ④ 54 ① 55 ③ 56 ①

57 다음 중 콘크리트 내구성에 영향을 주는 아래 화학반응식의 현상은?

$$Ca(OH)_2 + CO_2 \rightarrow CaCO_3 + H_2O \uparrow$$

① 콘크리트 염해
② 동결융해현상
③ 알칼리 골재반응
④ 콘크리트 중성화

해설 경화(硬化)한 콘크리트는 시멘트의 수화생성물로서 수산화칼슘을 함유하여 강알칼리성(pH12~13)을 나타낸다. 공기 중의 탄산가스(CO_2) 또는 산성비가 콘크리트 중의 수산화칼슘($Ca(OH)_2$)과 화학반응하여 서서히 탄산칼슘($CaCO_3$)이 되면서 콘크리트의 알칼리성을 상실한다. 이와 같은 현상을 '콘크리트 중성화'라고 한다. 탄산화(Carbonation)라고도 한다.
$Ca(OH)_2 + CO_2 \rightarrow CaCO_3 + H_2O$ [$CaCO_3 \uparrow \Rightarrow$ 중성화 ↑↑]

58 호박돌 쌓기에 이용되는 쌓기법으로 가장 적합한 것은?

① +자 줄눈 쌓기
② 줄눈 어긋나게 쌓기
③ 이음매 경사지게 쌓기
④ 평석 쌓기

해설 호박돌 쌓기
- 호박돌은 안정성이 낮으므로 뒷길이가 긴 것과 굄돌을 빠짐없이 잘 넣어 찰쌓기를 한다.
- 하루에 쌓는 높이는 1.2m 이하로 한다.
- 깨지지 않고 표면이 깨끗하며 크기가 비슷한 것을 선택하여 사용한다.
- 규칙적인 모양으로 쌓아 미관과 안정성을 가지도록 하고 통줄, +자 줄눈이 생기지 않도록 한다.
- 모르타르가 돌의 표면에 묻지 않도록 하고 흘러나온 모르타르는 굳기 전에 깨끗이 제거한다.
- 육법 쌓기(6개의 돌에 의해 둘러싸이는 생김새), 줄눈 어긋나게 쌓기 방법으로 쌓는다.

59 토양환경을 개선하기 위해 유공관을 지면과 수직으로 뿌리 주변에 세워 토양 공기를 공급하여 뿌리 호흡을 유도하는데, 유공관의 깊이는 수종, 규격, 식재지역의 토양상태에 따라 다르게 할 수 있으나, 평균깊이는 몇 m 이내로 하는 것이 바람직한가?

① 1m
② 1.5m
③ 2m
④ 3m

해설 유공관의 설치 깊이는 평균 1m 이내로 하는 것이 바람직하다.

 정답   57 ④   58 ②   59 ①

60 관리 업무의 수행 중 도급 방식의 대상으로 옳은 것은?

① 긴급한 대응이 필요한 업무
② 금액이 적고 간편한 업무
③ 규모가 크고, 노력, 재료 등을 포함하는 업무
④ 연속해서 행할 수 없는 업무

해설 도급 방식의 대상 업무
- 장기에 걸쳐 단순 작업을 행하는 업무
- 전문 지식, 기능, 자격을 요구하는 업무
- 규모가 크고, 노력, 재료 등을 포함하는 업무
- 관리주체가 보유한 설비로는 불가능한 업무
- 현재의 관리 인원으로는 부족한 업무

정답 60 ③

2024년 제1회 CBT 복원문제

01 다음 중 중국정원의 양식에 가장 많은 영향을 끼친 사상은?

① 신선사상
② 선사상
③ 음양오행사상
④ 풍수지리사상

해설 고대 중국은 바다 건너 어딘가 봉래(蓬萊), 영주(瀛州), 방장(方丈)의 삼신산(三神山)이 있고 그곳에 가면 영원히 늙지 않고 신선이 될 수 있는 묘약이 있을 것이라 생각했다. 이러한 사상을 일컬어 '신선사상'이라고 한다.
신선사상을 바탕으로 한 진시황의 불로장생에 대한 열망은 정원에까지 영향을 준다. 그가 재위한 지 31년째 되던 해 조성한 난지궁과 난지에 잘 나타난다. 난지는 동서로 약 78.5km, 남북으로 7.8km나 되는 큰 호수로 진시황은 그 속에 섬을 쌓아 봉래산으로 삼았다. 난지에 봉래섬을 만들어 신선사상을 반영한 불로불사의 신선이 사는 곳으로 구현해 낸 것이다.

02 중세 유럽의 조경 형태로 볼수 없는 것은?

① 과수원
② 약초원
③ 공중정원
④ 회랑식정원

해설 공중정원은 고대 서아시아의 조경 형태이다.
중세시대는 교회의 권위에 압도되어 사고의 폭이 위축되었으며 정원은 내부지향적으로 발달하였다.
※ 목적과 특성에 따른 정원
 – 초본원 : 채소원, 약초원, 실용위주의 식재
 – 과수원, 유원
※ 매듭화단(Knot) : 중세에서 시작, 영국에서 크게 발달, 주목과 회양목 이용
 – open knot : 문양을 만든 후 사이 공간을 색채 흙을 넣거나 그대로 두는 방법
 – close knot : 문양을 만든 후 사이 공간을 화훼류로 채우는 방법

03 일본 고산수식 정원의 요소와 상징적인 의미가 바르게 연결된 것은?

① 나무 – 폭포
② 연못 – 바다
③ 왕모래 – 물
④ 바위 – 산봉우리

해설 일본 고산수식 정원 요소의 의미
• 14세기 축산고산수식 : 나무(산봉우리), 바위(폭포), 왕모래(물)
• 15세기 평정고산수식 : 바위(섬), 왕모래(바다), 수목 사용하지 않음

 정답 01 ① 02 ③ 03 ③

04 다음 중 쌍탑형 가람배치를 가지고 있는 사찰로 옳은 것은?

① 경주 분황사 ② 경주 감은사 ③ 부여 정림사 ④ 익산 미륵사

해설 감은사지 3층 석탑
감은사는 682년(신라 신문왕 2)에 창건되었으므로 이 탑의 건립도 그 무렵으로 추정되어 가장 오래되고 거대한 석탑이다. 2중의 기단에 사각형으로 쌓아 올린 3층 석탑으로, 동·서 두 탑이 같은 규모와 구조이다. 2중 기단 중의 하층 기단은 지대석과 면석(面石)을 같은 돌로 만들었으며, 모두 12장의 석재로 이루어졌고, 상층기단은 면석을 12장으로 만들었다.

05 다음 중 프랑스 베르사유 궁원의 수경시설과 관련이 없는 것은?

① 아폴로 분수 ② 물극장 ③ 라토나분수 ④ 양어장

해설 프랑스 베르사유 궁원에는 물 극장, 왕자의 가로, 자수화단, 오렌지원, 아폴로 분수, 스위스 호수, 라토나 분수, 피라밋 분천, 님프의 연못, 용의 연못, 넵튠의 연못, 1.6km의 대수로, Allee(산책길), 총림의 비스타 등이 있다.

06 서양의 대표적인 조경양식이 바르게 연결된 것은?

① 이탈리아 – 평면기하학식 ② 영국 – 자연풍경식
③ 프랑스 – 노단건축식 ④ 독일 – 중정식

해설 이탈리아-노단건축식, 프랑스-평면기하학식, 독일-자연풍경식

07 다음 중 식별성이 높은 지형이나 시설을 지칭하는 것은?

① 비스타(vista) ② 캐스케이드(cascade)
③ 랜드마크(landmark) ④ 슈퍼그래픽(super graphic)

해설 랜드마크(Landmark)
land와 mark의 합성어로 먼 곳에서도 잘 보이는 땅에 세워진 물체이다. 지역을 대표하거나 다른 지역과 구별되는 독특한 지형이나 시설물을 가리키는 단어로 고대에는 산, 커다란 나무, 바위 등이 이정표로 삼아졌다.

 정답 04 ② 05 ④ 06 ② 07 ③

08 조경계획·설계에서 기초적인 자료의 수집과 정리 및 여러 가지 조건의 분석과 통합을 실시하는 단계를 무엇이라 하는가?

① 목표 설정 ② 현황분석 및 종합
③ 기본 계획 ④ 실시 설계

> **해설** 조경계획 과정 6단계
> 1. 목표 설정
> 2. 현황자료 분석 및 종합
> 3. 기본구상
> 4. 기본계획 : 토지이용계획, 교통동선계획, 시설물 배치계획, 식재계획, 하부구조계획, 집행계획이 포함된다.
> 5. 기본설계 : 설계원칙의 추출 → 공간구성 다이어그램 → 설계도 작성으로 이루어진다.
> 6. 실시설계 : 평면도와 단면도, 표준시방서, 내역서 등을 작성하는 단계

09 기존의 레크레이션 기회에 참여 또는 소비하고 있는 수요를 무엇이라 하는가?

① 표출수요 ② 유효수요 ③ 잠재수요 ④ 유도수요

> **해설** 레크레이션 계획시 이용자의 수요자원의 잠재력을 파악하여 공간의 면적 및 활동 형태를 파악한다.
> • 잠재수요 : 사람들에게 내재되어 있는 수요로서 시설과 접근수단 및 정보가 제공될 시에 이용한다.
> • 유도수요 : 광고를 통한 수요, 잠재수요를 개발
> • 표출수요 : 기존 경험에 의한 참여, 선호도 파악의 지표로 한다.

10 미국에서 하워드의 전원 도시의 영향을 받아 도시 교외에 개발된 주택지로서 보행자와 자동차를 완전히 분리하고자 한 것은?

① 웰린(Welwyn) ② 요세미티
③ 레치워어드(Letch Worth) ④ 래드번(Rad Burn)

> **해설** 래드번 계획
> 1928년 미국 뉴저지에 개발된 신도시로, 클레어런스 페리의 근린주구 이론과 하워드의 전원도시 개념을 기반으로 한 도시계획이다.
> • 슈퍼블럭(Super Block) : 12~20ha 단위로 구성된 대형 가구로, 자동차 통과를 배제해 보행자 전용도로와 차도를 분리했다. 이는 도시시설 공동화(전력·하수 등)와 고층화 효율화를 가능하게 했다.
> • 보차분리 : 쿨데삭(cul de sac) 도로망과 입체교차로로 보행자와 차량 동선을 완전히 분리해 안전성을 높였다.
> • 오픈스페이스 : 단지 중앙에 대공원을 설치하고 주택 후면에 녹지를 배치해 골목의 녹지화를 실현했다.

 정답 08 ② 09 ① 10 ④

11 다음의 설명이 의미하는 그림은 무엇인가?

> - 눈높이나 눈보다 조금 높은 위치에서 보여지는 공간을 실제 보이는 대로 자연스럽게 표현한 그림
> - 나타내고자 하는 의도의 윤곽을 잡아 개략적으로 표현하고자 할 때, 즉 아이디어를 수집, 기록, 정착화하는 과정에 필요
> - 디자이너에게 순간적으로 떠오르는 불확실한 아이디어의 이미지를 고정, 정착화시켜 나가는 초기단계

① 투시도　　② 입면도　　③ 스케치　　④ 조감도

해설　스케치(sketch)는 어떤 대상의 모양, 형태, 특징 등을 개략적으로 빠르게 그린 미완성 작품이다. 시각 표현의 기초가 되는 드로잉 과정에서 미술 작품의 디자인을 제작하기 전에 예비적인 착상을 기록해 두기 위해서 그리는 개략적인 밑그림 또는 단순한 약화로 아이디어를 수집, 검토, 협의, 평가하기 위한 목적으로 그린 그림이다.

12 '물체의 실제 치수'에 대한 '도면에 표시한 대상물'의 비를 의미하는 용어를 무엇이라 하는가?

① 척도　　② 도면　　③ 연각선　　④ 표제란

해설　척도(尺度)는 도면에 그려진 크기를 실물의 크기에 대한 길이의 비율로 나타낸 것

13 계획구역 내에 거주하고 있는 사람과 이용자를 이해하는데 목적이 있는 분석 방법은?

① 시각환경분석　　② 청각환경분석
③ 자연환경분석　　④ 인문환경분석

해설　인문환경분석은 인구, 국가유산, 토지이용, 시설물(지장물), 주택, 교통, 수요량, 행태분석 등 모든 활동과 관련된 사항을 분석하는 것이다.

14 조경 직무는 조경설계 기술자, 조경시공 기술자, 조경관리 기술자로 크게 구분할 수 있다. 그 중 조경설계 기술자의 직무 내용에 해당하는 것은?

① 식재공사　　② 시공감리　　③ 병해충방제　　④ 조경묘목생산

해설　조경설계 기술자의 직무에는 도면 작성, 기본계획 수립, 디자인 및 스케치, 물량 산출 및 시방서 작성, 시공감리 등이 포함된다.

정답　11 ③　12 ①　13 ④　14 ②

15 다음 중 정형식 정원에 해당하지 않는 양식은?

① 회유임천식 ② 중정식 ③ 평면기하학식 ④ 노단식

> **해설** 정형식 정원은 원, 타원, 직사각형 따위의 기하학적 도형을 따라서 나무나 화단 따위가 가지런히 배열되어 있는 인공 정원을 말한다. 회유임천식 정원은 자연식 정원의 형태이다.
> • 정형식 정원 : 평면기하학식, 노단건축식, 중정식
> • 자연식 정원 : 자연풍경식, 회유임천식, 고산수식

16 다음 중 식물재료의 특성으로 부적합한 것은?

① 생장과 번식을 계속하는 연속성이 있다.
② 생물로서 생명 활동을 하는 자연성을 지니고 있다.
③ 불변성과 가공성을 지니고 있다.
④ 계절적으로 다양하게 변화함으로써 주변과의 조화성을 가진다.

17 벽돌쌓기 방법 중 가장 견고하고 튼튼한 방식은?

① 미국식 쌓기 ② 영국식 쌓기
③ 프랑스식 쌓기 ④ 네덜란드식 쌓기

> **해설** 영국식 쌓기(English bond)는 벽돌을 길이쌓기와 마구리쌓기를 번갈아 쌓는 방식으로, 통줄눈을 방지해 구조적 안정성을 높인 조적법이다. 벽 끝이나 모서리에는 이오토막(0.25)과 반절(0.5)을 사용해 견고함을 강화시킨다.

18 주택 정원의 세부공간 중 가장 공공성이 강한 성격을 갖는 공간은 어디인가?

① 앞뜰 ② 뒤뜰 ③ 안뜰 ④ 작업뜰

> **해설**
> • 앞뜰 : 대문에서 현관에 이르는 전이 공간으로 가장 밝은 공간이 되도록 조성한다. 가장 공공성이 강하고 주택의 첫인상을 좌우한다.
> • 안뜰 : 응접실이나 거실 전면에 위치한 뜰로 정원의 중심이 되고, 면적이 넓고 양지바른 공간이다.
> • 작업뜰 : 일반적으로 장독대, 쓰레기통, 창고 등이 설치되는 공간이다.

 정답 15 ① 16 ③ 17 ② 18 ①

19 다음 중 석탄을 235~315℃에서 고온 건조하여 얻은 타르 제품으로서 독성이 적고 자극적인 냄새가 있는 유성 목재 방부제는?

① 콜타르
② 크레오소트유
③ 플로오르화나트륨
④ 펜타클로르페놀(POP)

> **해설** 크레오소트유(Creosote oil)
> 콜타르를 분류할 때 (230°~270℃ 사이에서) 나온 흑갈색의 기름으로 목재에는 침투성·내수성이 양호하여 방부제용으로 쓰이고 철도 침목이나 전주에도 쓰인다. 악취가 있어 실내에는 불용하고 외부용이나 보이지 않는 곳에만 쓰인다.

20 구조재료의 용도상 필요한 물리 화학적 성질을 강화시키고 미관을 증진시킬 목적으로 재료의 표면에 피막을 형성시키는 액체 재료를 무엇이라 하는가?

① 방수
② 착색
③ 강도
④ 도료

21 마운딩(Maunding)의 기능으로 옳지 않은 것은?

① 배수 방향 조절
② 유효 토심확보
③ 공간 연결의 역할
④ 자연스러운 경관 연출

> **해설** 마운딩은 수목 생장에 필요한 유효 토심을 확보하고 배수 방향을 조절하며, 자연스러운 경관을 조성하여 토지 이용상 공간을 분할하는 기능을 한다.

22 다음 석재 중 흡수율이 가장 큰 것은?

① 화강암
② 안산암
③ 대리석
④ 응회암

> **해설** 응회암(凝灰巖 Tuff)은 화산재가 쌓여서 굳어져 만들어진 퇴적암이다. 다공질이며, 장식 재료로 사용할 수 있다.
> • 석재 흡수율 : 응회암 〉 사암 〉 안산암 〉 화강암 〉 점판암 〉 대리석

정답 19 ② 20 ④ 21 ③ 22 ④

23 다음 중 기준점 및 규준틀에 관한 설명으로 틀린 것은?

① 규준틀은 토공의 높이, 너비 등의 기준을 표시한 것이다.
② 기준점은 이동의 염려가 없는 곳에 설치한다.
③ 기준점은 최소 2개소 이상의 여러 곳에 설치한다.
④ 규준틀은 공사가 완료된 후에 설치한다.

> **해설** 토건 공사 등에서 귀, 높이, 너비, 수평 따위의 표준을 표시하기 위한 틀 (=기준틀)

24 조경의 기본계획에서 일반적으로 토지이용분류, 적지분석, 종합배분의 순서로 이루어지는 계획은?

① 동선계획 ② 시설물 배치계획
③ 토지이용계획 ④ 식재계획

> **해설** 토지이용계획 과정
> 토지이용계획은, '환경조사분석'과 '조경기본구상'에서 언급된 내용을 근간으로 토지가 가지고 있는 잠재력을 파악해야 하며, 이용을 위한 기능적 특성을 고려하여 토지이용을 구분해야 한다.
> 토지이용계획은 토지이용분류, 적지분석, 종합배분 순으로 이루어진다.

25 일반적으로 제재된 목재의 기건상태는 함수율이 몇 %일 때인가?

① 약 5%   ② 약 15%   ③ 약 30%   ④ 약 50%

> **해설** 목재는 대기 속에 장기간 두면 대기의 상대습도와 온도에 따라 평형상태에 도달하고, 이때의 목재와 함수율을 각각 기건재와 기건함수율이라고 부른다. 기건함수율은 대기의 온도와 습도 조건에 따라 변하기 때문에 장소와 기후조건에 따라 변한다. 사막과 같은 고온저습 지역에서는 6% 정도이고, 저온다습한 지역에서는 24% 내외이다. 온대지방에서는 대체로 12~18% 범위이다.
> 우리나라의 평균 기건함수율은 지역 및 계절별로 차이가 있지만 평균 15%이다.

26 목재의 열기 건조에 대한 설명으로 올바르지 않은 것은?

① 낮은 함수율까지 건조할 수 있다.
② 자본의 회전기간을 단축시킬 수 있다.
③ 기후와 장소 등의 제약없이 건조할 수 있다.
④ 작업이 비교적 간단하며, 특수한 기술을 요구하지 않는다.

 정답 23 ④   24 ③   25 ②   26 ④

> **해설** 목재의 건조 중 인공건조법은 온도와 습도의 조절로 비교적 빠른 시간내에 목재를 건조 시킬 수 있다. 자연건조에 비해 단기간으로 사용 목적에 따라 균일하게 목재를 함수율까지 건조할 수 있어 공간활용도 및 효율성이 높다는 장점이 있지만, 시설비용과 전문성이 요구된다.
> - 증기법 : 건조실을 증기로 가열하여 건조 시키는 방법이다. 가장 많이 쓰이는 건조법이다.
> - 열기법 : 열을 이용하여 건조 시키는 방법으로 수종에 따라 다른 온도와 습도의 제어를 이용한다. 건조실 내의 공기를 가열하거나 가열 공기를 넣어 건조시키는 방법이다.
> - 훈연법 : 짚이나 톱밥 등을 태운 연기를 건조실에 도입하여 건조시키는 방법이다.
> - 진공법 : 원통형 탱크 속에 목재를 넣고 밀폐하여 고온, 저압 상태에서 수분을 제거하는 방법이다.
> - 고주파 건조법 : 고주파 에너지를 목재에 투사하여 생기는 발열을 이용해 건조시키는 방법이다.

27 수목 뿌리의 역할이 아닌 것은?

① 저장근 : 양분을 저장하여 비대해진 뿌리
② 부착근 : 줄기에서 세근이 나와 다른 물체에 부착하는 뿌리
③ 기생근 : 다른 물체에 기생하기 위한 뿌리
④ 호흡근 : 식물체를 지지하는 기근

> **해설** 호흡근은 지상에 뿌리의 일부를 내고 통기를 관장하는 뿌리이며, 식물체를 지지하는 기근은 주근이다.

28 다음 중 목재 내 할렬(Checks)은 어느 때 발생하는가?

① 함수율이 높은 목재를 서서히 건조할 때
② 건조 응력이 목재의 횡인장 강도보다 클 때
③ 목재의 부분별 수축이 다를 때
④ 건조 초기에 상대습도가 높을 때

> **해설** 할렬은 목재가 건조할 때 발생하는 세로로 갈라지는 현상을 말한다.

29 수목의 규격을 H×W로 표시하는 수종으로만 짝지은 것은?

① 소나무, 느티나무
② 회양목, 잔디
③ 주목, 철쭉
④ 백합나무, 향나무

> **해설** 일반적인 관목류로서 수고와 수관폭을 정상적으로 측정할 수 있는 수목은 「수고 H(m)×수관폭 W(m)」으로 표시한다.

 정답 27 ④   28 ②   29 ③

30 여름철에 강한 햇빛을 차단하기 위해 식재되는 수종을 가리키는 것은?

① 방풍수 ② 방음수 ③ 녹음수 ④ 차폐수

> 해설 녹음수는 푸른 잎이 우거지는 나무, 잎으로 넓은 그늘을 만드는 나무이다.

31 도시계획 설계에서 도시계획 지역의 표현색 노란색은 어느 용지를 나타내는 것인가?

① 주거용지 ② 관리용지 ③ 보존용지 ④ 상업용지

> 해설 주거지역 : 노란색, 녹지지역 : 초록색, 상업지역 : 빨간색, 공업지역 : 보라색, 미지정 : 무색

32 여름에 꽃을 피우는 알뿌리(구근) 화초는?

① 백합 ② 수선화 ③ 히아신스 ④ 글라디올러스

> 해설 다알리아, 칸나, 상사화, 글라디올러스, 아마릴리스, 투베로즈 등

33 수분 요구도가 낮아 건조지에 가장 잘 견디는 수목은?

① 가죽나무 ② 대추나무 ③ 낙우송 ④ 물푸레나무

> 해설 건조지에 견디는 수종
> 소나무, 곰솔나무, 리기다소나무, 삼나무, 전나무, 비자나무, 서어나무, 가시나무, 오리나무류, 가죽나무, 느티나무, 오동나무, 이팝나무, 자작나무, 철쭉 등
> ※ 조경수 수목의 환경에 따른 분류 방법
> • 음수 : 팔손이, 전나무, 비자나무, 주목, 가시나무, 식나무, 독일가문비나무, 회양목 등
> • 양수 : 소나무, 해송, 은행나무, 느티나무, 무궁화, 백목련, 가문비나무 등
> • 건조지에 견디는 수종 : 소나무, 곰솔, 리기다소나무, 삼나무, 전나무, 비자나무, 가죽나무, 서어나무, 가시나무, 오리나무류, 느티나무, 오동나무, 이팝나무, 자작나무, 철쭉 등.
> • 습지를 좋아하는 수종 : 낙우송, 오리나무, 버드나무류, 위성류, 오동나무, 수국 등
> • 척박지에 잘 견디는 수종 : 소나무, 곰솔, 향나무, 오리나무, 자작나무, 참나무류, 자귀나무, 싸리류 등
> • 비옥지를 좋아하는 수종 : 삼나무, 주목, 측백, 가시나무류, 느티나무, 오동나무, 칠엽수, 회화나무, 단풍나무, 왕벚나무 등
> • 강산성에 견디는 수종 : 소나무, 잣나무, 전나무, 편백, 가문비나무, 리기다소나무, 버드나무, 싸리나무, 진달래 등
> • 약산성에 견디는 수종 : 가시나무, 갈참나무, 녹나무, 느티나무 등

 정답 30 ③   31 ①   32 ④   33 ①

- 염기성에 견디는 수종 : 낙우송, 단풍나무, 생강나무, 서어나무, 회양목 등
- 심근성 수종 : 소나무, 전나무, 주목, 곰솔, 가시나무, 굴거리나무, 녹나무, 태산목, 후박나무, 동백나무, 느티나무, 칠엽수, 회화나무 등
- 천근성 수종 : 가문비나무, 독일가문비나무, 일본잎갈나무, 편백, 자작나무, 버드나무 등
- 아황산가스에 강한 수종
- 상록침엽수 : 편백, 화백, 가이즈까향나무, 향나무 등
- 상록활엽수 : 가시나무, 굴거리나무, 녹나무, 태산목, 후박나무, 후피향나무, 가시나무 등
- 낙엽활엽수 : 가중나무, 벽오동, 버드나무류, 칠엽수, 플라타너스 등
- 아황산가스에 약한 수종
- 침엽수 : 소나무, 잣나무, 전나무, 삼나무, 개잎갈나무, 일본잎갈나무(낙엽송), 독일가문비 등
- 활엽수 : 느티나무, 백합나무, 단풍나무, 수양벚나무, 자작나무 등
- 내염성에 강한 수종 : 리기다소나무, 비자나무, 주목, 곰솔, 측백나무, 가이즈까향나무, 굴거리나무, 녹나무, 태산목, 후박나무, 감탕나무, 아왜나무, 먼나무, 후피향나무, 동백나무, 호랑가시나무, 팔손이나무, 위성류 등
- 내염성에 약한 수종 : 독일가문비나무, 삼나무, 소나무, 개잎갈나무, 목련, 단풍나무, 개나리 등

34. 가을에 그윽한 등황색 꽃을 피우는 수종은 무엇인가?

① 남천 ② 금목서 ③ 생강나무 ④ 팥배나무

해설 꽃은 암수딴그루이고 지름 5mm정도로서 9~10월에 우산모양 꽃차례로 잎겨드랑이에 달리며 두터운 육질화로 짙은 향기가 있다. 꽃은 등황색이며 길이 7~10mm의 꽃대가 있다.

35. 목련류 수종 중에서 상록성 수종은?

① 자목련 ② 일본목련 ③ 태산목 ④ 함박꽃나무

해설 태산목(泰山木 Magnolia grandiflora)은 상록의 목본으로서 잎은 크고 혁질이다. 5~6월경에 가지 끝에 크고 향기가 짙은 흰 꽃이 핀다. 열매는 골돌과(대과)이며, 2개의 붉은색 씨가 늘어진다. 북아메리카가 원산지로 한국에서는 남부 지방에서 주로 정원수로 심는다.

36. 다음 중 그해 자란 가지에서 꽃눈이 분화하여 그 해에 개화하는 수종들로 옳은 것은?

① 철쭉, 목련 ② 배롱나무, 무궁화
③ 치자나무, 동백나무 ④ 매화나무, 수국

해설 당년에 자란 가지에서 꽃이 피는 수종
배롱나무, 무궁화, 능소화, 등, 장미, 목수국, 대추나무, 포도나무, 감나무 등

정답 34 ② 35 ③ 36 ②

37 항공 사진 측량의 장점 중 틀린 것은?

① 동적인 대상물의 측량이 가능하다.
② 좁은 지역 측량에서 50% 정도의 경비가 절약된다.
③ 축척 변경이 용이하다.
④ 분업화에 의한 작업능률성이 높다.

> **해설** 항공 사진 측량의 장점
> • 넓은 지역(소축척) 측량 시 다른 측량 방법에 비해 경제적이다.
> • 성과물의 축척 변경이 용이하다.
> • 정량적인 측량 뿐만 아니라 정성적인 측량도 가능하다.
> • 4차원 측량(X, Y, Z, t)이 가능하다.
> • 이동하는 물체의 기록이 가능하다.
> • 접근이 어려운 지역 측량이 가능하다. (군사시설, 열대지방, 극한지방)
> • 작업의 분업화가 용이하다.
> • 동일 모델 내에서는 균일한 정확도를 가진다.

38 다음 중 공사 현장의 공사 및 기술관리, 기타 공사업무 시행에 관한 모든 사항을 처리하여야 할 사람은?

① 공사 발주자 ② 공사 현장감독관
③ 공사 현장감리원 ④ 공사 현장대리인

> **해설** 공사 현장대리인은 공사 현장의 제반 사항을 책임지고 관리하는 사람.

39 직영공사의 특징 설명으로 옳지 않은 것은?

① 시급한 준공을 필요로 할 때
② 공사내용이 단순하고 시공 과정이 용이할 때
③ 일반도급으로 단가를 정하기 곤란한 특수한 공사가 필요할 때
④ 풍부하고 저렴한 노동력, 재료의 보유 또는 구입 편의가 있을 때

정답 37 ② 38 ④ 39 ①

40 돌쌓기의 종류 가운데 돌만을 맞대어 쌓고 뒷채움은 잡석, 자갈 등으로 하는 방식은?

① 찰쌓기
② 메쌓기
③ 골쌓기
④ 켜쌓기

해설
- 찰쌓기 : 뒤채움에 콘크리트를 사용하고, 줄눈에 모르타르를 사용하여 쌓는다.
- 골쌓기 : 막돌, 깬돌, 깬잡석을 사용하여 줄눈을 파상 또는 골을 지어 가며 쌓는다.
- 켜쌓기 : 마름돌을 사용하여 돌 한 켠의 가로줄눈이 수평적 직선이 되도록 쌓는다.

41 다음 중 시설물의 관리를 위한 방법으로 적합하지 않은 것은?

① 콘크리트 포장의 갈라진 부분은 파손된 재료 및 이물질을 완전히 제거한 후 조치한다.
② 배수시설은 정기적인 점검을 실시하고, 배수구의 이물질은 제거한다.
③ 벽돌 및 자연석 등의 원로포장 파손 시 많은 부분을 철저히 조사한다.
④ 유희시설물 점검은 용접부분 및 움직임이 많은 부분을 철저히 조사한다.

해설 벽돌및 자연석 등의 원로포장 파손 시 파손된 부분을 신속하게 보수한다.

42 배수공사 중 지하층 배수와 관련된 설명으로 옳지 않은 것은?

① 지하층 배수는 속도랑을 설치해 줌으로써 가능하다.
② 암거배수의 배치형태는 어골형, 평행형, 빗살형, 부채살형, 자유형 등이 있다.
③ 속도랑의 깊이는 심근성보다 천근성 수종을 식재할 때 더 깊게 한다.
④ 큰 공원에서는 자연 지형에 따라 배치하는 자연형 배수방법이 많이 이용된다.

43 일정한 응력을 가할 때, 변형이 시간과 더불어 증대하는 현상을 의미하는 것은?

① 탄성
② 크리프
③ 취성
④ 릴랙세이션

해설 크리프(creep)는 소재에 일정한 하중이 가해진 상태에서 시간의 경과에 따라 소재의 변형이 계속되는 현상이다.

정답 40 ② 41 ③ 42 ③ 43 ②

44 석재 중 직육면체가 되도록 각 면을 다듬은 가공석을 말하며 가장 정형화된 돌은?

① 사괴석 ② 견칫돌 ③ 마름돌 ④ 호박돌

> **해설** 마름돌은 방석(方石)이라고도 하며, 적당한 크기의 직육면체로 가공한 돌이다. 치수를 보다 정확하게 가공하면 다듬돌이 된다.
> 주로 성벽, 옹벽, 담장의 자재로 쓰이며, 주로 자재를 쌓아올리는 조적조방식으로 건축한다. 과거에는 석조건축물에 주로 쓰였으나 산업혁명의 발달과 더불어 건축 기법, 자재가 급격하게 발전하면서 담장이나 옹벽등에 보조적으로 쓰이고 있다. 인도의 자재로도 쓰이며, 로마 가도는 대부분 마름돌로 건설되었다.

45 다음 중 시공 현장에서 사용되는 긴결(연결) 철물에 해당하는 것은?

① 못 ② 함석 ③ 강판 ④ 형강

46 질소(N)와 칼륨(K) 비료의 효과로 부적합한 것은?

① N : 수목 생장 촉진 ② K : 뿌리, 가지 생육 촉진
③ N : 개화 촉진 ④ K : 각종 저항성 증진

> **해설** 인(P)은 개화, 결실과 관계가 있는 비료이다.

47 추위에 의하여 나무의 줄기 또는 수피가 수선 방향으로 갈라지는 현상을 무엇이라 하는가?

① 고사 ② 상렬 ③ 피소 ④ 괴사

> **해설** 상렬(frost crack)은 겨울철에 나무줄기에서 방사형 방향으로 벌어지는 길고 깊은 균열로 줄기 직경 방향으로 발생하며, 때로는 수관까지 이르는 심각한 균열로 발전한다. 형성층 및 목질 조직을 관통하며 생장 고리에 영향을 준다.

48 목적에 알맞은 수형으로 만들기 위해 나무의 일부분을 잘라 주는 관리방법을 무엇이라 하는가?

① 관수 ② 시비 ③ 멀칭 ④ 전정

정답 44 ③ 45 ① 46 ③ 47 ② 48 ④

49 다음 중 지형을 표시하는데 가장 기본이 되는 등고선은?

① 간곡선 ② 조곡선 ③ 주곡선 ④ 계곡선

> **해설** 지형을 나타내는 기본 등고선으로서 가는 실선으로 표현한다. 1:10,000 축척 지형도에서는 높이 5m 간격으로, 1:25,000 지형도에서는 높이 10m 간격으로, 1:50,000 지형도에서는 높이 20m 간격으로 표현한다.

50 비탈면의 잔디를 기계로 깎으려면 비탈면의 경사가 어느 정도로 완만하여야 하는가?

① 1:1보다 완만해야 한다.
② 1:2보다 완만해야 한다.
③ 1:3보다 완만해야 한다.
④ 경사에 상관없다.

51 수목 식재 후 물집을 만드는데, 물집의 크기로 가장 적당한 것은?

① 근원지름(직경)의 1배
② 근원지름(직경)의 2배
③ 근원지름(직경)의 3~4배
④ 근원지름(직경)의 5~6배

> **해설** 근원지름의 5~6배 원형으로, 높이 10~20cm의 턱을 만들어 설치한다.

52 농약제제의 분류 중 분제(粉劑 Dusts)에 대한 설명으로 틀린 것은?

① 작물에 대한 고착성이 우수하다.
② 잔효성이 유제에 비해 짧다.
③ 유효성분 농도가 1~5% 정도인 것이 많다.
④ 유효성분을 고체증량제와 소량의 보조제를 혼합 분쇄한 미분말을 말한다.

> **해설** 분제는 원제를 증량제, 물리성 개량제, 분해 방지제 등과 균일하게 혼합하여 분쇄한 제형으로 원제 함량은 약 1~10%이고 대부분이 증량제이므로 균일화가 중요하며, 품질은 증량제의 이화학적 성질에 크게 영향을 받는다.
> 제품을 그대로 살포할 수 있어 병충해 방제에 널리 사용되지만 액상보다 고착성이 떨어져 잔효성이 요구되는 경우에는 적합하지 않으며, 식물체에 도달하는 유효 성분량이 적고 포장 외부로 비산되어 다른 작물에 약해와 환경오염을 유발한다.

정답 49 ③ 50 ③ 51 ④ 52 ①

53 지형도상 2점 간의 수평거리가 200m, 높이차는 5m일 경우 경사도는 얼마인가?

① 2.5%   ② 5.0%   ③ 10.0%   ④ 50.0%

> **해설** 경사도(%)=(수직높이÷수평거리)×100
> =(5/200)×100=2.5%

54 수목의 이식 전 세근을 발달시키기 위해 실시하는 작업은?

① 가식   ② 뿌리돌림
③ 뿌리분 포장   ④ 뿌리외과수술

> **해설** 뿌리돌림은 수목 이식 전 뿌리를 절단해 잔뿌리 발생을 촉진하는 작업으로, 이식 성공률을 높이기 위해 실시하는 작업이다.

55 경사진 지형에서 흙이 무너지는 것을 방지하기 위하여 토양의 안식각을 유지하며 크고 작은 돌을 자연스러운 상태가 되도록 쌓아 올리는 방법은?

① 평석쌓기   ② 견치석쌓기
③ 디딤돌쌓기   ④ 자연석 무너짐쌓기

> **해설** 도로변 옆 비탈면 또는 연못의 호안에는 주변 흙의 무너짐을 방지하고 경관을 보호하면서 시각적인 조화를 이뤄 아름다움을 잘 나타나게 할 수 있는 방법이 '자연석 무너짐쌓기'이다.

56 인간이나 기계가 공사 목적물을 만들기 위하여 단위물량당 소요로 하는 노력과 물질을 수량으로 표현한 것을 무엇이라 하는가?

① 할증   ② 견적   ③ 품셈   ④ 내역

> **해설** 품셈은 건설공사 등 공공사업의 예정가격 산정을 위한 표준 기준으로, 재료비·인건비·기계경비 등을 산정하는 데 활용한다.

정답 53 ① 54 ② 55 ④ 56 ③

57 다음 중 콘크리트 공사에 있어서 거푸집에 작용하는 콘크리트 측압의 증가 요인이 아닌 것은?

① 타설 속도가 빠를수록
② 슬럼프가 클수록
③ 다짐이 많을수록
④ 빈배합일 경우

해설 측압 증가 요인
- 슬럼프가 클수록 유동성 증가
- 혼화제 사용으로 응결 지연 시
- 타설 속도 증가 – 응결 전 높이 증가로 측압 상승
- 타설 높이 증가 – 수두압 증가로 측압 상승
- 낙하 높이 과다 – 충격에 의한 국부 측압 상승 가능
- 저온 시 응결 지연 측압 작용 시간 연장
- 수직 벽체 및 실랜더 부재는 측압 영향 큼
- 철근 간격 협소 시 분산 제한 – 측압 집중

58 다음 콘크리트와 관련된 설명 중 옳은 것은?

① 콘크리트의 굵은 골재 최대 치수는 20mm이다.
② 물–결합재비는 원칙적으로 60% 이하이어야 한다.
③ 콘크리트는 원칙적으로 공기 연행제를 사용하지 않는다.
④ 강도는 일반적으로 표준 양생을 실시한 콘크리트 공시체의 재령 30일 일때 시험값을 기준으로 한다.

59 다음 중 1차 전염원이 아닌 것은?

① 분생포자
② 균사속
③ 균핵
④ 난포자

해설 분생포자는 2차 전염원이고, 균류에서 무성생식을 위해 생성되는 포자의 일종으로 균사 가지 끝에서 세포질 분열이나 세포분열로 형성된다.

60 다음 중 살충제에 해당하는 것은?

① 베노밀 수화제
② 페니트로티온 유제
③ 글리포세이트암모늄 액제
④ 아조사이클로틴

해설 페니트로티온은 유기인계 살충제이다.
※ 유기인계 : 유기화합물에 인(P)이 포함된 형태로, 신경전달물질 분해를 방해해 해충을 제거하는 작용 기작을 가지고 있다.

 정답 57 ④ 58 ② 59 ① 60 ②

2024년 제2회 CBT 복원문제

01 다음 중 정원에 사용되었던 하하(Ha-ha)기법을 가장 잘 설명한 것은?

① 정원과 외부 사이 수로를 파 경계하는 기법
② 정원과 외부 사이 언덕으로 경계하는 기법
③ 정원과 외부 사이 교목으로 경계하는 기법
④ 정원과 외부 사이 산울타리를 설치하여 경계하는 기법

> **해설** 하하(Ha-Ha) 기법 (찰스 브릿지맨 : 스토우 원에 하하기법 도입)
> - 원과 외부 사이에 수로를 파서 경계하는 기법
> - 수로의 존재를 모르고 원로를 따라 걷다가 갑자기 원로가 수로로 차단되어 있음을 발견하고 지르는 감탄사로 인해 생긴 이름

02 형태는 직선 또는 규칙적인 곡선에 의해 구성되고 축을 형성하며 연못이나 화단 등의 각 부분에도 대칭형이 되는 조경 양식은?

① 자연식　　　　　　　　② 풍경식
③ 정형식　　　　　　　　④ 절충식

> **해설** 정형식 정원은 원, 타원, 직사각형 따위의 기하학적 도형을 따라서 나무나 화단 따위가 가지런히 배열되어 있는 인공 정원을 말한다.

03 조선시대 궁절이나 상류주택 정원에서 가장 독특하게 발달한 공간은?

① 전정　　② 주정　　③ 후정　　④ 중정

> **해설** 뒤뜰(후정)
> 침실과 같은 휴양공간과 연결되어 사생활이 최대한 보장되도록 구성

정답 01 ①　02 ③　03 ③

04 영국 튜터왕조에서 유행했던 화단으로 낮게 깎은 회양목 등으로 화단을 여러 가지 기하학적 문양으로 구획 짓는 것은?

① 기식화단　　② 화문화단　　③ 매듭화단　　④ 경재화단

> **해설**
> - 기식화단 : 중앙에는 키 큰 초화를 심고 주변부로 갈수록 키 작은 초화를 심어 사방에서 관찰할 수 있게 만든 화단
> - 화문화단 : 양탄자화단(카펫화단), 자수화단, 모전화단
> - 경재화단 : 전면 한쪽에서만 관상(앞쪽은 키 작은 것, 뒤쪽은 키 큰 것) 도로, 산울타리, 담장 배경으로 폭이 좁고 길게 만든 것

05 조선시대 사대부나 양반계급에 속했던 사람들이 시골 별서에 꾸민 정원의 유적이 아닌 것은?

① 양산보의 소쇄원　　② 윤선도의 부용동원림
③ 정약용의 다산정원　　④ 퇴계 이황의 도산서원

> **해설** 조선시대 별서정원(농사+별장)
> - 양산보의 소쇄원(1520~1530, 전라남도 담양)
> - 정영방의 서석지(1636, 경상북도 영양군)
> - 윤선도의 부용동원림(1637, 전라남도 완도군 보길도)
> - 정약용의 다산정원(1808, 전라남도 강진군)
> - 김조순의 옥호정(1815, 서울 종로구 삼청동)

06 중국 조경의 시대별 연결이 옳은 것은?

① 명나라 – 이화원　　② 청나라 – 화림원
③ 송나라 – 만세산　　④ 명나라 – 태액지

> **해설** 중국 조경의 시대별 연결
> 청나라 – 이화원 / 송나라 – 만세산 / 한나라 – 태액지 / 삼국시대 – 화림원

07 브리운파의 정원을 비판하였으며 큐가든에 중국식 건물, 탑을 도입한 사람은?

① Richard Steele　　② Joseph Addison
③ Alexander Pope　　④ William Chambers

> **해설** 윌리엄 챔버(William Chambers)
> 큐가든(Kew garden)에 중국식 건물과 탑을 세움, 중국 정원 소개.

  04 ③　05 ④　06 ③　07 ④

08 고대 그리스에서 청년들이 체육 훈련을 하는 자리로 만들어졌던 것은?

① 페리스틸리움 ② 짐나지움 ③ 지스터스 ④ 보스코

> 해설 짐나지움 : 청년들이 체육훈련을 하는 장소, 대중공원으로 발달.

09 다음 중 '면적대비'의 특징 설명으로 틀린 것은?

① 면적의 크기에 따라 명도와 채도가 다르게 보인다.
② 면적의 크고 작음에 따라 색이 다르게 보이는 현상이다.
③ 면적이 작은 색은 실제보다 명도와 채도가 낮아져 보인다.
④ 동일한 색이라도 면적이 커지면 어둡고 칙칙해 보인다.

> 해설 면적대비
> 명도가 높은 색과 낮은 색이 병렬될 때 높은 것은 넓게 보이고 낮은 것은 좁게 느껴지는 현상, 면적이 크면 채도, 명도가 증가함

10 다음 중 독일의 풍경식 정원과 가장 관계가 깊은 것은?

① 한정된 공간에서 다양한 변화를 추구
② 동양의 사의주의 자연풍경식을 수용
③ 외국에서 도입한 원예식물의 수용
④ 식물생태학, 식물지리학 등의 과학이론의 적용

> 해설 독일 풍경식 정원
> 영국의 풍경식 정원 양식의 영향으로 독특한 양식으로 발달 되었으며, 식물 생태학과 지리학에 기초를 둔 과학적 이론을 적용하여 조성하였다.

11 다음 중 사적인 정원이 공적인 공원으로 역할전환의 계기가 된 사례는?

① 센트럴 파크 ② 에스테장 ③ 베르사이유궁 ④ 켄싱턴 가든

> 해설 센트럴 파크(Central Park)
> - 1861년 옴스테드에 의해 조성
> - 영국 최초의 공공공원인 버컨헤드공원의 영향을 받은 최초의 도시공원
> - 미국 도시공원의 효시, 국립공원 운동에 영향을 주어 1872년 옐로스톤공원이 최초의 국립공원으로 지정
> - 부드러운 곡선의 수변 및 폭넓은 원로와 잔디광장으로 구성

 정답 08 ② 09 ④ 10 ④ 11 ①

12 16세기 무굴제국의 인도정원과 가장 관련이 깊은 것은?

① 퐁텐블로 ② 타지마할
③ 클로이스터 ④ 알함브라 궁원

해설 타지마할은 인도 우타르프라데시주 아그라에 소재한 무굴 제국의 5대 황제 '샤 자한'과 그의 황후 '뭄타즈 마할'의 영묘이다.

13 경관요소 중 높은 지각 강도(A)와 낮은 지각 강도(B)의 연결이 옳지 않은 것은?

① A : 수평선 / B : 사선
② A : 따뜻한 색채 / B : 차가운 색채
③ A : 동적인 상태 / B : 고정된 상태
④ A : 거친 질감 / B : 섬세하고 부드러운 질감

해설 사선이나 수직선이 수평선보다 지각 강도가 높다.

14 좁은 의미의 조경계획으로 볼 수 없는 것은?

① 기본계획 ② 기본설계 ③ 목표설정 ④ 자료분석

해설
- 좁은 의미의 조경계획 : 목표설정, 자료분석, 기본계획
- 좁은 의미의 조경설계 : 기본설계, 실시설계

15 다음 중 수피가 백색 계열에 속하는 수종은?

① 곰솔 ② 모과나무 ③ 자작나무 ④ 노각나무

해설 백색 계열 수종 : 자작나무, 동백나무, 백송, 분비나무, 서어나무 등

16 우리나라 후원양식의 정원수법이 형성되는데 영향을 미친 것이 아닌 것은?

① 불교의 영향 ② 유교의 영향
③ 음양오행설 ④ 풍수지리설

해설 불교사상은 사찰정원을 중심으로 극락정토사상에 근거한 극락의 세계관을 현세에 조형시키고자 하였다.

정답 12 ② 13 ① 14 ② 15 ③ 16 ①

17 수준측량의 용어 설명 중 높이를 알고 있는 기지점에 세운 표척눈금의 읽은 값을 무엇이라 하는가?

① 전시　　　② 후시　　　③ 중간점　　　④ 전환점

> **해설** 수준측량 용어
> - 후시 (BS) : 표고를 이미 알고 있는 지점에 세운 수준척의 읽은 값
> - 전시 (FS) : 표고를 구하려고 하는 지점에 세운 수준척의 읽은 값
> - 이기점 (TP) : 전시와 후시를 같이 취하는 점
> - 중간점 (IP) 어떠한 지반에 표고만을 알기 위해 수준척을 세운 점 (전시만 취한 점)
> - 지반고 (GH) : 어떠한 지반에 평균해수면에서부터 높이, 또는 기준면으로부터 높이

18 도면상 선적인 요소에 해당하는 것은?

① 분수　　　② 벤치　　　③ 계단　　　④ 화단

> **해설** 점 : 분수, 벤치 / 선 : 계단 / 면 : 화단

19 지형도에서 U자 모양으로 그 바닥이 낮은 높이의 등고선을 향하면 이것은 무엇을 의미하는가?

① 계곡　　　② 능선　　　③ 현애　　　④ 동굴

> **해설**
> - 계곡 : U 자형 바닥의 높이가 높은 높이의 등고선을 향한다.
> - 능선 : U 자형 바닥의 높이가 점점 낮은 높이의 등고선을 향한다.

20 수목의 가슴높이 지름을 나타내는 기호는?

① H　　　② R　　　③ B　　　④ W

> **해설** 수목의 규격 표시
> - 수고(H) : H로 표시하며 단위는 m
> - 수관너비(W) : W로 표시하며 단위는 m
> - 근원지름(R) : 뿌리 위 밑동의 지름으로 R로 표시하며 단위는 cm
> - 흉고지름(B) : 지상 1.2m 높이 줄기의 지름으로 B로 표시하며 단위는 cm

정답 17 ②　18 ③　19 ②　20 ③

21 다음 중 수명이 가장 긴 전등은?

① 형광등 ② 수은등 ③ 백열등 ④ 할로겐등

해설 광원의 종류
- 수은등 : 수목과 잔디의 황록색을 살리는 데 최적임. 수명 가장 길다.
- 나트륨등 : 효율 가장 높음(노란색, 안개지역의 조명, 도로조명, 터널조명)
- 백열등 : 효율 가장 낮음. 수명 가장 짧다.
- 할로겐등 : 화단 조명에 최고로 좋음, 고효율이고 연색성이 대단히 우수하다.

22 일본의 모모야마시대에 새롭게 만들어져 발달한 정원양식은?

① 회유임천식 ② 축산고산수식 ③ 평정고산수식 ④ 다정양식

해설 정원요소로 징검돌, 물통, 세수통, 석등 등의 배치를 중시하던 일본의 정원 양식

23 콘크리트 공사 시의 슬럼프시험은 무엇을 측정하기 위한 것인가?

① 반죽질기 ② 피니셔빌리티 ③ 성형성 ④ 블리딩

해설 슬럼프시험(Slump Test)은 굳지 않은 콘크리트의 반죽 질기를 시험하는 방법으로 콘크리트 타설 시 시공성을 측정하는 방법이다.

24 다음 중 산울타리 수종이 깃추어야 할 조건으로 올바르지 않은 것은?

① 전정에 강할 것 ② 지엽이 치밀할 것
③ 교목활엽수 일 것 ④ 아랫가지가 오래갈 것

해설 상록수 수종이 적합하다.

25 유실수 중 밤나무 종실을 가해하는 해충은?

① 복숭아명나방 ② 밤나무재주나방
③ 밤나무왕진딧물 ④ 밤나무혹벌

해설 복숭아명나방
- 소나무류 중 잣나무 구과에 특히 피해가 많다.
- 과수에서는 밤나무와 그외 대부분의 과실에 피해를 주며 특히 밤에 피해가 심하다.
- 밤을 수확하였을 때 외관상 벌레구멍이 있는 것은 대부분 이 해충의 피해이다.
- 주로 조생종 밤 품종에서 피해가 심하나 근래에는 만생종에서도 3화기 피해가 나타나고 있다.

정답 21 ② 22 ④ 23 ① 24 ③ 25 ①

26 대추나무에 발생하는 전신병으로 마름무늬매미충에 의해 전염되는 수목병은?

① 잎마름병　　② 흰가루병　　③ 잎떨림병　　④ 빗자루병

> **해설**　대추나무 빗자루병
> 파이토플라스마(Phytoplasma)라는 세균성 미생물에 의해 발생하는 병해로, 대추나무의 잎겨드랑이에서 빗자루 모양의 밀집된 가지와 잎이 특징이다. 주요 증상은 잎의 황화, 작아짐, 꽃 기형화, 과실 착과 불량이며, 나무가 점차 쇠약해져 고사에 이르게 된다.

27 우리나라 골프장 그린에 가장 많이 이용되는 잔디는?

① 블루그래스　　② 벤트그래스
③ 라이그래스　　④ 버뮤다그래스

> **해설**　벤트그래스
> 페어웨이, 러프, 티에는 들잔디를 사용하고 그린에는 벤트그래스를 사용한다.

28 잔디의 잎에 갈색 병반이 동그랗게 생기고 특히 6~9월경에 벤트그래스에 주로 나타나는 병해는?

① 녹병　　② 황화병
③ 브라운 패치　　④ 설부병

> **해설**　브라운패치(Brown Patch)
> 서양잔디의 대표적인 병으로, 밤 기온이 20℃ 이상으로 유지되고 습도가 높은 여름철에 주로 발생한다. 특히 배수가 잘 안되거나 늦은 오후에 관수하여 잎이 밤새 젖어 있으면 발생 위험이 커진다.
> ・관리법 : 배수 개선, 이른 아침 관수, 적절한 시비 관리가 중요하며, 병이 발생하면 전문 약제를 사용해 방제해야 한다.

29 다른 지역에서 자생하는 식물을 도입한 것을 무엇이라 하는가?

① 귀화식물　　② 외래식물　　③ 외국식물　　④ 귀화식물

> **해설**　외래식물이란 외국으로부터 인위적 또는 자연적으로 유입되어 그 본래의 원산지 또는 자생지를 벗어나 생육하는 종으로 정의되며, 최근에는 기후변화 및 서식지 파괴 등과 함께 생물다양성을 위협하는 주요 요인 중 하나로 꼽히고 있다.

 정답　26 ④　27 ②　28 ③　29 ②

30 스텐레스강이라고 하면 최소 몇 % 이상의 크롬이 함유된 것을 말하는가?

① 4.5%   ② 6.5%   ③ 8.5%   ④ 10.5%

> **해설** 스텐레스강(stainless steel, STS)은 적어도 10.5%의 크롬을 함유하는 철 합금으로, 크롬은 스틸의 내식성을 향상시킨다. 내식성은 크롬 함량이 높을수록 증가하며, 추가로 합금에 몰리브덴을 첨가 함으로써 증가한다.

31 건설표준품셈에서 시멘트 벽돌의 할증률은 얼마까지 적용할 수 있는가?

① 3%   ② 5%   ③ 10%   ④ 15%

> **해설** 붉은 벽돌 할증률 : 3% / 시멘트 벽돌 할증률 : 5%

32 시공관리의 3대 목적이 아닌 것은?

① 원가관리   ② 노무관리   ③ 공정관리   ④ 품질관리

> **해설** 시공관리의 3대 목적
> - 공정관리 : 시공계획에 입각하여 합리적이고 경제적인 공정을 결정
> - 품질관리 : 설계도서에 규정된 품질에 일치하고 안정되어 있음을 보증
> - 원가관리 : 공사를 경제적으로 시공하기 위해 재료비, 노무비, 그 밖의 현장경비를 기록, 통합하고 분석하는 회계절차

33 다음 중 순공사원가에 속하지 않는 것은?

① 재료비   ② 경비   ③ 노무비   ④ 일반관리비

> **해설** 순공사비＝재료비＋노무비＋경비
> ※ 총공사비＝순공사비＋일반관리비＋이윤＋세금

34 다음 중 목재의 함수율이 크고 작음에 가장 영향이 큰 강도는?

① 인장강도   ② 전단강도   ③ 휨강도   ④ 압축강도

> **해설** 함수율은 목재의 강도에 많은 영향을 주는데 특히 압축강도에 가장 큰 영향을 끼친다. 함수율이 증가하면 팽창하여 목재 부식이 우려되고, 함수율이 감소하면 수축한다.

정답 30 ④   31 ②   32 ②   33 ④   34 ④

35 압력탱크 속에서 고압으로 방부제를 주입시키는 방법으로 목재의 방부처리 방법 중 가장 효과적인 것은?

① 표면 탄화법　　② 침지법　　③ 가압 주입법　　④ 도포법

> **해설** 목재 방부제 처리 방법 중 방부 효과가 가장 뛰어난 것은 가압 주입법이다. 압력용기 속에 목재를 넣어 7~12기압의 고압하에 주입한다.

36 다음 중 조경석 가로쌓기 직업이 설계도면 및 공사시방서에 명시가 없을 경우 메쌓기의 높이는 몇 m 이하로 하여야 하는가?

① 1.5m　　② 1.8m　　③ 2.0m　　④ 2.5m

> **해설** 메쌓기
> 돌과 돌 사이에 붙임 모르타르(mortar)를 사용하지 않고 쌓는 방법으로 높이에 제한이 있다. 시방서에 명기되어 있지 않을 경우는 1.5m 이하로 쌓아야 한다.

37 조경공사용 기계의 종류와 용도(굴삭, 배토정지, 상차, 운반, 다짐)의 연결이 옳지 않은 것은?

① 굴삭용 - 무한케도식 로더　　② 운반용 - 덤프트럭
③ 다짐용 - 탬퍼　　④ 배토정지용 - 모터그레이더

> **해설** 로더는 상하차용 건설장비이다.

38 우리나라에서 발생하는 주요 소나무류에 잎녹병을 발생시키는 병원균의 기주로 맞지 않는 것은?

① 소나무　　② 해송　　③ 스트로브잣나무　　④ 송이풀

> **해설** 기주식물(寄主植物) : 기생식물의 숙주가 되는 식물.
> • 잣나무 털녹병의 기주식물 : 송이풀, 까치밥나무
> • 소나무 잎녹병의 기주식물 : 소나무, 황벽나무, 잣나무, 스트로브잣나무, 해송

39 생물분류학적으로 거미강에 속하며 덥고, 건조한 환경을 좋아하고 뾰족한 입으로 즙을 빨아 먹는 해충은?

① 진딧물　　② 나무좀　　③ 응애　　④ 가루이

> **해설** 응애
> 절족동물문 거미강 응애목의 0.2~0.8mm내외로 아주 작으며, 몸은 머리, 가슴, 배의 구별이 없고, 부화 약충(若蟲)은 다리가 3쌍, 어미벌레는 4쌍임. 거의 모든 지역에 살고 있으며, 먹이도 식물성, 동물성, 부식질 등 매우 다양하다.

정답 35 ③　36 ①　37 ①　38 ④　39 ③

40 진딧물이나 깍지벌레의 분비물에 곰팡이가 감염되어 발생하는 병은?

① 녹병 ② 흰가루병
③ 잿빛곰팡이병 ④ 그을음병

해설 그을음병
식물의 잎이나 줄기 표면에 검은 그을음 같은 균체가 형성되는 병으로, 주로 곤충의 분비물이나 배설물에 기생하는 자낭균류에 의해 발생한다. 이 병은 직접 식물에 해를 주지는 않지만, 미관 훼손과 광합성을 방해해 식물 건강을 저하시킨다.

41 저온의 해를 받은 수목의 관리방법으로 적당하지 않은 것은?

① 멀칭 ② 바람막이 설치
③ 강전정과 과다한 시비 ④ 시들음 방지제 살포

해설 강전정과 과다한 시비는 저온 피해를 위한 대책이 아닐뿐더러 건강한 수목에도 좋지 않은 영향을 준다.

42 콘크리트 혼화제 중 내구성 및 워커빌리티(workability)를 향상시키는 것은?

① 감수제 ② 지연제 ③ 방수제 ④ 경화촉진제

해설 표면활성제인 감수제는 시멘트 입자를 분산시켜 워커빌리티를 좋게하고 수화작용을 촉진하여 강도를 증진시킨다.

43 병의 발생에 필요한 3가지 요인을 정량화하여 삼각형의 각 변으로 표시하고 이들 상호 관계에 의한 삼각형의 면적을 발병량으로 나타내는 것을 병삼각형이라 한다. 여기에 포함되지 않는 것은?

① 병원체 ② 기주 ③ 환경 ④ 저항성

해설 병삼각형(병삼각도)
- 주인(主因) : 병원체
  식물 병을 일으키는 주된 요인, 즉 병원체를 말하며 병원체는 병에 직접적으로 관여한다.
- 유인(誘因) : 환경요인
  주인(병원체)의 활동을 왕성하게 하는 환경요인을 말한다.
  ㉮ 질소 비료를 과용하여 벼도열병 발생이 촉진된다면, 질소 비료의 과용은 유인이 된다.
- 소인(素因) : 기주식물
  식물체가 처음부터 가지고 있는 성질로 어떤 병원체에 의해 병에 걸리기 쉬운 소질을 말한다.
  식물의 발병 정도는 세 가지 요인이 얼마나 작용하는지에 따라 삼각형의 면적(발병량)이 달라지므로 이 세 가지 요인을 정확히 파악하는 것이 중요하다. 세 가지 요인 중, 한 가지만 제거해도 발병 조건이 성립되지 않으므로 전문가의 정확한 진단과 방제법이 요구된다.

정답 40 ④ 41 ③ 42 ① 43 ④

44 서중 콘크리트는 1일 평균기온이 얼마를 초과하는 것이 예상되는 경우 시공하여야 하는가?

① 10℃ ② 15℃ ③ 20℃ ④ 25℃

> **해설** 서중 콘크리트
> 고온 환경에서 콘크리트 품질 저하를 방지하기 위해 적용되는 시공 방식
> • 서중 콘크리트 : 하루 평균기온이 25℃ 초과할 때 사용
> • 한중 콘크리트 : 하루 평균기온이 4℃ 이하일 때 사용

45 흡즙성 해충으로 버즘나무, 철쭉류, 배나무 등에서 많은 피해를 주는 해충은?

① 오리나무잎벌레 ② 방패벌레
③ 솔노랑잎벌 ④ 도토리거위벌레

> **해설** 방패벌레는 방패모양의 등면을 가진 곤충으로, 주로 진달래, 철쭉, 버즘나무, 배나무 등 식물에 피해를 주는 흡즙성 해충이다.

46 식물병에 대한 [코흐의 원칙] 설명으로 틀린 것은?

① 병든 생물체에 병원체로 의심되는 특정 미생물이 존재해야 한다.
② 그 미생물은 기주생물로부터 분리되고 배지에서 순수배양 되어야 한다.
③ 순수배양한 미생물은 동일 기주에 접종하였을 때 동일한 병이 발생되어야 한다.
④ 병든 생물체로부터 접종할 때 사용하였던 미생물과 동일한 특성의 미생물이 재분리 되지만 배양은 되지 않아야 한다.

> **해설** 코흐의 원칙
> 1. 병든 식물의 병징 부위에서 병원체를 찾을 수 있어야 한다.
> 2. 병원체는 반드시 분리되고 영양배지에서 순수배양되어 그 특성을 알아낼 수 있어야 한다.
> 3. 순수배양된 병원체는 병이 나타난 식물과 같은 종 또는 품종의 건전한 식물에 접종하였을 때 그 식물체에서와 똑같은 증상을 일으켜야 한다.
> 4. 병원체는 재분리하여 배양할 수 있어야 하며, 그 특성은 2와 같아야 한다.

47 다음 중 철쭉류와 같은 관목의 전정시기로 가장 적합한 것은?

① 개화 1주 전 ② 개화 2주 전
③ 개화가 끝난 직후 ④ 휴면기

> **해설** 철쭉류와 같이 봄에 일찍 꽃을 피우는 수종은 꽃이 진 직후에 전정 작업을 하여야 이듬해 풍성한 꽃을 볼 수 있다.

 정답 44 ④ 45 ② 46 ④ 47 ③

48 미국흰불나방에 대한 설명으로 틀린 것은?

① 성충으로 월동한다.
② 1화기 보다 2화기에 피해가 심하다.
③ 성충의 활동시기에 피해지역 또는 그 주변에 유아등이나 흡입포충기를 설치하여 유인 포살한다.
④ 알 기간에 알덩어리가 붙어 있는 잎을 채취하여 소각하며, 잎을 가해하고 있 는 군서 유충을 포살한다.

> **해설** 미국흰불나방(Hyphantria cunea)
> • 보통 연 2회 발생하며 수피 틈이나 지피물 밑에서 번데기로 월동한다.
> • 성충은 5월 중순~6월 상순, 7월 하순~8월 중순에 나타나고, 유충은 5월 하순~6월 상순, 8월 상순~10월 상순에 나타나서 가해한다.
> • 유충이 어릴 때는 실을 토해 잎을 싸고 집단으로 모여서 갉아 먹다가 5령기 이후에는 분산해 잎맥을 제외한 잎 전체를 갉아 먹는다.
> • 노숙 유충은 몸길이가 약 30mm로 몸에 검은 점과 흰 털이 많다.
> • 성충은 날개 편 길이가 28~37mm이며, 몸과 날개는 흰색이고 1화기 성충의 날개에만 검은 점들이 있다.
> • 피해 초기에 비티쿠르스타키 수화제 1,000배액 또는 디플루벤주론 수화제 2,500배액을 10일 간격으로 2회 이상 살포한다.

49 다음 중 파이토플라즈마에 의한 수목병이 아닌 것은?

① 벚나무 빗자루병
② 뽕나무 오갈병
③ 오동나무 빗자루병
③ 대추나무 빗자루병

> **해설** 파이토플라즈마에 의한 수목병은 대추나무 빗자루병, 오동나무 빗자루병, 붉나무 빗자루병, 쥐똥나무 빗자루병, 뽕나무 오갈병 등이 있으며 옥시테트라사이클린계 항생물질로 치료한다.
> ※ 벚나무 빗자루병은 벚나무에 발생하는 주요 병해로, Taphrina wiesneri 곰팡이 병원균에 의해 유발된다. 감염된 가지가 혹처럼 부풀고 잔가지가 빗자루 모양으로 총생하며, 꽃이 피지 않고 잎만 빽빽하게 자라는 특징이 있다.

50 현대적인 공사관리에 관한 설명 중 가장 적합한 것은?

① 품질과 공기는 정비례한다.
② 공기를 서두르면 원가가 싸다.
③ 경제속도에 맞는 품질이 확보되어야 한다.
④ 원가가 싸게 되도록 하는 것이 공사관리의 목적이다.

정답 48 ① 49 ① 50 ③

51 공사의 설계 및 시공을 의뢰하는 사람을 뜻하는 용어는?

① 설계자　　② 시공자　　③ 발주자　　④ 감독자

> 해설 '발주자'라 함은 해당 공사의 시행 주체로서 시공자에 대한 계약당사자이며 시공주라고도 한다. 설계 및 시공을 의뢰하는 자를 발주자, 시행처, 시공주라 한다.

52 다음 입찰 계약 순서 중 옳은 것은?

① 입찰공고 → 낙찰 → 계약 → 개찰 → 입찰 → 현장설명
② 입찰공고 → 현장설명 → 입찰 → 계약 → 낙찰 → 개찰
③ 입찰공고 → 계약 → 낙찰 → 개찰 → 입찰 → 현장설명
④ 입찰공고 → 현장설명 → 입찰 → 개찰 → 낙찰 → 계약

53 조경시설물 유지관리 연간 작업계획에 포함되지 않는 작업 내용은?

① 수선, 교체　　② 제초, 전정　　③ 개량, 신설　　④ 복구, 방제

> 해설 제초, 전정작업은 조경수목 연간관리에 포함되어 있는 작업이다.

54 20L 분무기 한 통에 1,000배액의 농약 용액을 만들고자 할 때 필요한 농약의 약량은?

① 10mL　　② 20mL　　③ 30mL　　④ 50mL

> 해설 1L=1,000mL, 20L=20,000mL
> 20,000mL ÷ 1,000배 = 20mL

55 잡초와 작물에 함께 작용하는 비선택성 제초제는?

① 글리포세이트액제　　② 반벨
③ 파란들　　　　　　　④ 2·4-D

> 해설 비선택성 제초제는 잡초와 작물을 구분하지 않고 모두 제거하는 제초제로, 주로 잡초방제를 위해 사용한다. 잡초방제에는 효과적이지만, 사용 전 작물 적용 가능 여부와 안전 수칙을 반드시 확인해야 한다.

정답　51 ③　52 ④　53 ②　54 ②　55 ①

56 소나무재선충의 학명은 무엇인가?

① Monochamus alternatus
② Bursaphelenchus xylophilus
③ Thecodiplosis japonensis
④ Tomicus piniperda

해설 소나무재선충은(Bursaphelenchus xylophilus) 크기 1mm 내외의 실 같은 선충으로서 매개충(솔수염하늘소, 북방수염하늘소)의 몸 안에 서식하다가 새순을 갉아 먹을 때 상처부위를 통하여 나무에 침입한다. 침입한 재선충은 빠르게 증식하여 수분, 양분의 이동통로를 막아 나무를 죽게 하는 병으로 치료약이 없어 감염되면 100% 고사한다.
• Monochamus alternatus : 솔수염하늘소
• Thecodiplosis japonensis : 솔잎혹파리
• Tomicus piniperda : 소나무좀

57 다음 해충 중 식엽성 해충이 아닌 것은?

① 오리나무잎벌레
② 천막벌레나방
③ 미국흰불나방
④ 밤나무혹벌

해설 밤나무혹벌은 충영 형성 해충이다.

58 식물병의 발생 부위는 크게 잎, 줄기, 뿌리이다. 다음 중 잎에 발생하는 병이 아닌 것은?

① 탄저병
② 흰가루병
③ 근두암종병
④ 그을음병

해설 근두암종병
뿌리 및 줄기에 혹을 형성한다. 색깔은 초기에 백색을 띠고 차차 갈색 내지 암자갈색으로 변한다. 암종직경은 수 mm에서 수십 cm크기의 다양한 모양으로 주로 뿌리에 발생한다. 암종은 병원균의 감염으로 나무의 세포조직 분열에 의해서 형성된 것이며, 뿌리의 작은 암종은 선충에 의한 암종과 혼동되기 쉽다.

59 전지, 전정의 방법 중 틀린 것은?

① 수목의 주지는 하나로 자라게 한다.
② 같은 방향과 각도로 자라난 평행지는 남겨 둔다.
③ 역지는 제거한다.
④ 무성하게 자란 가지는 제거한다.

 정답 56 ② 57 ④ 58 ③ 59 ②

60 시설물 보수 사이클과 연수의 연결이 잘못된 것은 어느 것인가?

	시설물	내용연수	보수 사이클
①	벤치(목재)	7년	5~6년
②	파고라(목재)	10년	3~4년
③	안내판(철제)	10년	3~4년
④	그네(철제)	15년	2~3년

해설 벤치(목재)의 보수 사이클 : 2~3년

정답 60 ①

2024년 제3회 CBT 복원문제

01 "형태, 색채와 더불어 (　　)은 디자인의 필수 요소로서 물체의 조성 성질을 말하며, 이는 우리의 감각을 통해 형태에 대한 지식을 제공한다." (　　)안에 들어갈 디자인 요소는?

① 입체　　② 공간　　③ 질감　　④ 광선

> 해설 제품 디자인의 조형 언어를 구성하는 주요 요소는 대표적으로 형태(Form), 색채(Color), 재료(Material)가 꼽힌다. 각각의 요소는 제품이 담아야 하는 기능적 목적, 감성적 가치, 나아가 문화적 맥락을 반영하면서 유기적으로 결합된다. 이 결합을 통해 최종적으로 소비자에게 전달되는 디자인 메시지가 구체화된다.

02 실선의 굵기에 따른 종류(가는선, 중간선, 굵은선)와 용도가 바르게 연결되어 있는 것은?

① 가는선 - 단면선　　② 가는선 - 파선
③ 중간선 - 치수선　　④ 굵은선 - 도면의 윤곽선

> 해설 굵기가 0.8mm 이상인 선으로 도면의 윤곽선 그리기 등에 사용된다.

03 오방색 중 황(黃)의 오행과 방위가 바르게 짝지어진 것은?

① 금(金) - 서쪽　　② 목(木) - 동쪽
③ 토(土) - 중앙　　④ 수(水) - 북쪽

> 해설 오방색(五方色)은 오행의 방위에 따른 색이다.
> • 파랑 : 청(靑), 목(木), 동쪽　　• 빨강 : 적(赤), 화(火), 남쪽
> • 노랑 : 황(黃), 토(土), 중앙　　• 하양 : 백(白), 금(金), 서쪽
> • 검정 : 흑(黑), 수(水), 북쪽

04 영국인 Brown의 지도하에 덕수궁 석조전 앞뜰에 조성된 정원 양식과 관계되는 것은?

① 보르비콩트 정원　　② 센트럴파크
③ 분구원　　　　　　④ 빌라 메디치

> 해설 보르비콩트 정원과 석조전 정원 모두 평면기하학식 정원이다.

  01 ③　02 ④　03 ③　04 ①

05 '응접실이나 거실 쪽에 면하며, 주택정원의 중심이 되고, 가족의 구성단위나 취향에 따라 계획한다.'와 같은 목적의 뜰은 주택정원의 어디에 해당하는가?

① 안뜰   ② 앞뜰   ③ 뒤뜰   ④ 작업뜰

> **해설** 안뜰(주정)
> - 응접실이나 거실쪽에 면한 뜰로 옥외생활 즐김
> - 가족 구성원을 위한 은밀한 사적공간으로 개인생활이 보호되어야 함
> - 면적이 넓으며 양지바른 곳에 자리 잡아 가장 중요한 공간

06 주축선 양쪽에 짙은 수림을 만들어 주축선이 두드러지게 하는 비스타(vista)수법을 가장 많이 이용한 정원은?

① 영국정원   ② 프랑스정원
③ 이탈리아정원   ④ 독일정원

> **해설** 통경선 - 비스타(Vista) 수법
> 좌우로 시선을 제한하여 일정 지점으로 시선이 모이도록 구성된 경관

07 먼셀의 색상환에서 BG는 무슨 색인가?

① 연두색   ② 남색   ③ 청록색   ④ 보라색

> **해설** 먼셀의 10색상환
> - 기본색 : 빨강(R), 노랑(Y), 초록(G), 파랑(B), 보라(P)
> - 중간색 : 주황(YR), 연두(GY), 청록(BG), 남색(PB), 자주(RP)

08 메소포타미아의 대표적인 정원은?

① 마야사원   ② 바빌론의 공중정원
③ 베르사이유 궁전   ④ 타지마할 사원

> **해설**
> - 베다사원 - 인도(힌두교사원)
> - 베르사이유 궁전 - 프랑스
> - 바빌론의 공중정원 - 고대 서부아시아(메소포타미아)
> - 타지마할 사원 - 인도 아그라

 정답 05 ①   06 ②   07 ③   08 ②

09 중국 청나라 때의 유적이 아닌 것은?

① 이화원　　② 졸정원　　③ 자금성 금원　　④ 원명원 이궁

> **해설** 중국 4대 정원 중 하나인 졸정원은 소주 동북쪽에 위치해 있고, 명나라의 정덕 4년(1509년)에 지어졌다.
> ※ 소주 4대 명원 : 졸정원, 유원, 창랑정, 사자림

10 조경의 직무는 조경설계기술자, 조경시공기술자, 조경관리기술자로 크게 분류 할 수 있다. 그 중 조경설계기술자의 직무내용에 해당하는 것은?

① 병해충방제　　② 조경묘목생산
③ 식재공사　　④ 시공감리

> **해설** 조경설계 기술자의 직무에는 도면 작성, 기본계획 수립, 디자인 및 스케치, 물량 산출 및 시방서 작성, 시공감리 등이 포함된다.

11 다음 중 설치기준의 제한은 없으며, 유치거리 500m 이하, 공원면적 10,000㎡ 이상으로 할 수 있으며, 주로 인근에 거주하는 자의 이용에 제공할 목적으로 설치 도시공원의 종류는?

① 도보권근린공원　　② 묘지공원
③ 어린이공원　　④ 근린생활권근린공원

> **해설** 도시공원 및 녹지 등에 관한 법규상 유치거리가 500m 이하의 근린생활권근린공원 1개소의 유치 규모 기준은 10,000㎡ 이상이다.

12 경관구성의 미적 원리를 통일성과 다양성으로 구분할 때, 다음 중 다양성에 해당하는 것은?

① 조화　　② 균형　　③ 강조　　④ 대비

> **해설** • 통일성 : 조화, 균형, 대칭, 강조
> • 다양성 : 비례, 율동, 대비

정답 09 ②　10 ④　11 ④　12 ④

13 정형식 배식 방법에 대한 설명이 옳지 않은 것은?

① 교호식재 – 서로 마주보게 배치하는 식재
② 대식 – 시선축의 좌우에 같은 형태, 같은 종류의 나무를 대칭 식재
③ 열식 – 같은 형태와 종류의 나무를 일정한 간격으로 직선상에 식재
④ 단식 – 생김새가 우수하고, 중량감을 갖춘 정형수를 단독으로 식재

> **해설** 교호식재 : 열식의 변형으로 두 줄의 식물을 같은 간격으로 어긋나게 식재하여 식재열의 폭을 늘리는 방법이다. 이 방법은 주로 식재 면적을 효율적으로 활용하고, 식물의 간격을 일정하게 유지하며, 시각적인 리듬감을 주기 위해 사용된다.

14 다음 중 별서의 개념과 가장 거리가 먼 것은?

① 별장의 성격을 갖기 위한 것
② 수목을 가꾸기 위한 것
③ 은둔생활을 하기 위한 것
④ 효도하기 위한 것

> **해설** 별서는 저택에서 떨어진 인접한 경승지나 전원지에 은둔과 은일, 또는 순수하게 자연을 즐기기 위해 조성한 별장형(別將型) 별서의 개념이며, 조상의 묘소를 관리하기 위해 조성한 효문화 중심의 별업형(別業型) 별서도 있다.

15 우리나라에서 처음 조경의 필요성을 느끼게 된 가장 큰 이유는?

① 급속한 자동차의 증가로 인한 대기오염을 줄이기 위해
② 공장폐수로 인한 수질오염을 해결하기 위해
③ 인구증가로 인해 놀이, 휴게시설의 부족 해결을 위해
④ 고속도로, 댐 등 각종 경제개발에 따른 국토의 자연훼손의 해결을 위해

16 목재의 방부처리 방법 중 일반적으로 가장 효과가 우수한 것은?

① 가압 주입법
② 도포법
③ 생리적 주입법
④ 침지법

> **해설** 목재 방부제 처리 방법 중 방부 효과가 가장 뛰어난 것은 가압 주입법이다. 압력용기 속에 목재를 넣어 7~12기압의 고압하에 주입한다.

 정답   13 ①   14 ②   15 ④   16 ①

17 좋은 콘크리트를 만들려면 좋은 품질의 골재를 사용해야 하는데, 좋은 골재에 관한 설명으로 옳지 않은 것은?

① 납작하거나 길지 않고 구형이 가까울 것
② 골재의 표면이 깨끗하고 유해 물질이 없을 것
③ 굳은 시멘트 페이스트 보다 약한 석질일 것
④ 굵고 잔 것이 골고루 섞여 있을 것

> 해설 골재의 강도는 콘크리트 중의 경화시멘트 페이스트의 강도 이상일 것

18 기건상태에서 목재 표준함수율은 어느 정도인가?

① 5%   ② 15%   ③ 25%   ④ 35%

> 해설 우리나라의 평균 기건함수율은 지역 및 계절별로 차이가 있지만 평균 15%이다.

19 수종에 따라 또는 같은 수종이라도 개체의 성질에 따라 삽수의 발근에 차이가 있는데 일반적으로 삽목 시 발근이 잘되지 않는 수종은?

① 오리나무   ② 무궁화   ③ 개나리   ④ 꽝꽝나무

20 다음 중 압축강도(kgf/㎠)가 가장 큰 목재는?

① 오동나무   ② 밤나무   ③ 삼나무   ④ 낙엽송

21 다음 중 화성암 계통의 석재인 것은?

① 화강암   ② 점판암   ③ 대리석   ④ 사문암

> 해설 화성암
> 지구 내부에서 유래하는 마그마가 고결하여 형성된 암석
> • 화산활동으로 만들어진 돌로서 강도가 강하고 단단하다.
> • 화강암(우리나라 암석의 70%), 안산암, 현무암 등이 있다.
> • 화강암은 주로 바닥재나 계단용 경계석 등으로 적합하다.
> • 종류 : 화강암, 섬록암, 안산암, 현무암 등

 정답 17 ③   18 ②   19 ①   20 ④   21 ①

22 석재의 분류방법 중 가장 보편적으로 사용되는 방법은?

① 성인에 의한 방법
② 산출상태에 의한 방법
③ 조직구조에 의한 방법
④ 화학성분에 의한 방법

23 다음 중 인공지반을 만들기 위해 사용되는 경량재가 아닌 것은?

① 부엽토   ② 화산재   ③ 펄라이트   ④ 버미큘라이트

> 해설 인공지반용 경량재로 펄라이트, 피트모스, 버미큘라이트, 화산재 등이 있다.

24 혼화재의 설명 중 옳은 것은?

① 종류로는 포졸란, AE제 등이 있다.
② 혼화재료는 그 사용량이 비교적 많아서 그 자체의 부피가 콘크리트의 배합계산에 관계된다.
③ 종류로는 슬래그, 감수제 등이 있다.
④ 혼화재는 혼화제와 같은 것이다.

> 해설 혼화재
> 혼화재료 중 사용량이 비교적 많아 자체 용적이 콘크리트 성분으로 혼화한 것으로 콘크리트의 성질을 개량하기 위한 것이다.

25 산울타리에 적합하지 않은 식물 재료는?

① 무궁화   ② 느릅나무   ③ 측백나무   ④ 꽝꽝나무

> 해설 산울타리 및 은폐용 수목
> 편백, 화백, 측백나무, 꽝꽝나무, 사철나무, 탱자나무, 무궁화, 개나리, 주목, 동백나무, 호랑가시나무, 매자나무 등

26 다음 중 낙엽활엽교목으로 부채꼴형 수형이며, 야합수(夜合樹)라 불리기도 하며, 여름에 피는 꽃은 분홍색으로 화려하며, 천근성 수종으로 이식에 어려움이 있는 수종은?

① 서향   ② 치자나무   ③ 은목서   ④ 자귀나무

> 해설 자귀나무는 쌍떡잎식물 장미목 콩과의 낙엽소교목이다. 부부의 금실을 상징하는 나무로 합환수(合歡樹)·합혼수·야합수·유정수라고도 한다. 꽃은 연분홍색으로 6~7월에 피고 작은 가지 끝에 15~20개씩 산형(傘形)으로 달린다.

정답 22 ① 23 ① 24 ② 25 ② 26 ④

27 쾌적한 가로환경과 환경보전, 교통제어, 녹음과 계절성, 시선유도등으로 활용하고 있는 가로수로 적합하지 않은 수종은?

① 이팝나무　　② 은행나무　　③ 메타세쿼이아　　④ 능소화

> **해설** 만경목 : 스스로 서지 못하고 다른 물체를 감고 자라는 덩굴성 목본식물
> • 등, 능소화, 담쟁이, 줄사철, 인동덩굴, 송악, 으름덩굴, 다래 등

28 활엽수이지만 잎의 형태가 침엽수와 같아서 조경적으로 침엽수로 이용하는 것은?

① 은행나무　　② 산딸나무　　③ 위성류　　④ 이나무

> **해설** 위성류
> 낙엽활엽소교목으로 원산지는 중국이고 서울, 전남, 경북 등에 분포한다.
> 수고 5m이고 수피는 회색 또는 검은 색을 띤 회색으로 세로로 갈라지며 잔 가지에 껍질눈이 있다. 잎은 어긋나며 바늘처럼 가늘고 비늘조각처럼 되어 있다. 꽃은 5~7월에 피며 옅은 붉은색의 총상화서로 1년에 두 번 피며 오래된 가지에 핀 꽃은 봄에 피고 크지만 열매는 맺지 않고 새가지에 핀 꽃은 여름에 피며 작고 열매를 맺는다. 꽃잎은 달걀모양이고 꽃잎은 원모양으로 각각 5개이며 수술은 5개이고 자방은 3개이다. 열매는 삭과로 10월에 피며 종자에 털이 있다.

29 줄기의 색이 아름다워 관상가치를 가진 대표적인 수종의 연결로 옳지 않은 것은?

① 갈색계의 수목 : 편백　　② 적갈색계의 수목 : 소나무
③ 흑갈색계의 수목 : 벽오동　　④ 백색계의 수목 : 자작나무

> **해설** 벽오동
> 낙엽활엽교목으로 줄기는 높이가 15m에 달하고 통직하며 나무껍질은 성숙되어도 청녹색으로 평활하며 갈라지지 않는다.

30 다음 조경 수목 중 음수인 것은?

① 향나무　　② 느티나무　　③ 비자나무　　④ 소나무

> **해설** 음수 : 그늘진 곳에서도 잘 자라고 번식할 수 있는 나무
> • 굴거리나무, 식나무, 비자나무, 개비자나무, 독일가문비나무, 주목, 전나무, 광나무, 가시나무, 녹나무, 사철나무, 후박나무, 동백나무, 호랑가시나무, 팔손이, 회양목 등

정답　27 ④　28 ③　29 ③　30 ③

31 홍색(紅色) 열매를 맺지 않는 수종은?

① 산수유　② 쥐똥나무　③ 주목　④ 사철나무

해설　쥐똥나무는 검은색 열매를 가진다.

32 조경 수목이 규격에 관한 설명으로 옳은 것은? (단, 괄호안의 영문은 기호를 의미한다)

① 수고(W) : 지표면으로부터 수관의 하단부까지의 수직높이
② 지하고(BH) : 지표면에서 수관이 맨 아랫가지 까지의 수직높이
③ 흉고직경(R) : 지표면 줄기의 굵기
④ 근원직경(B) : 가슴 높이 정도의 줄기의 지름

33 형상수로 이용할 수 있는 수종은?

① 주목　② 명자나무　③ 단풍나무　④ 소나무

해설　형상수(Topiary)
일정한 수형을 지속적으로 유지해야 하므로 겨울에 잎이 지는 낙엽활엽수보다 상록침엽수를 많이 사용한다. 상록침엽수는 낙엽활엽수보다 성장속도가 느려 수형의 유지관리가 적게 필요한 장점이 있다.
여러 상록침엽수를 형상수의 대상 수목으로 사용할 수 있지만 주로 활용하는 것은 향나무와 주목이다.

34 시멘트 액체 방수제의 종류가 아닌 것은?

① 비소계　② 규산소다계
③ 염화칼슘계　④ 지방산계

35 생태복원을 목적으로 사용하는 재료로서 가장 거리가 먼 것은?

① 식생매트　② 잔디블록　③ 녹화마대　④ 식생자루

정답　31 ②　32 ②　33 ①　34 ①　35 ③

36 다음 [보기]에서 입찰의 순서로 옳은 것은?

① 현장설명 → 개찰 → 입찰공고 → 입찰 → 낙찰 → 계약
② 입찰공고 → 입찰 → 낙찰 → 계약 → 현장설명 → 개찰
③ 입찰공고 → 현장설명 → 입찰 → 개찰 → 낙찰 → 계약
④ 입찰공고 → 입찰 → 개찰 → 낙찰 → 계약 → 현장설명

37 지형도에서 U자 모양으로 그 바닥이 낮은 높이의 등고선을 향하면 이것은 무엇을 의미하는가?

① 계곡　　② 능선　　③ 현애　　④ 동구

> **해설**
> • 계곡 : U 자형 바닥의 높이가 높은 높이의 등고선을 향한다.
> • 능선 : U 자형 바닥의 높이가 점점 낮은 높이의 등고선을 향한다.

38 공원 행사의 개최 순서대로 나열한 것은?

① 기획 → 제작 → 실시 → 평가
② 평가 → 제작 → 실시 → 기획
③ 제작 → 평가 → 기획 → 실시
④ 제작 → 실시 → 기획 → 평가

39 토공 작업 시 지반면보다 낮은 면의 굴착에 사용하는 기계로 깊이 6m 정도의 굴착에 적당하며, 백호우 라고도 불리는 기계는?

① 파워 쇼벨　　② 드래그 쇼벨　　③ 클램쉘　　④ 드래그 라인

> **해설** 토공작업시 지반면보다 낮은 면의 굴착에 사용하는 기계로 깊이 6m 정도의 굴착에 적당하며, 드래그 쇼벨 또는 굴삭기 (백호우 back hoe)라고도 한다.

40 흙깎기(切土) 공사에 대한 설명으로 옳은 것은?

① 보통 토질에서는 흙깎기 비탈면 경사를 1:0.5 정도로 한다.
② 식재공사가 포함된 경우의 흙깎기에서는 지표면 표토를 보존하여 식물생육에 유용하도록 한다.
③ 작업물량이 기준보다 작은 경우 인력보다는 장비를 동원하여 시공하는 것이 경제적이다.
④ 흙깎기를 할 때는 안식각보다 약간 크게 하여 비탈면의 안정을 유지한다.

정답　36 ③　37 ②　38 ①　39 ②　40 ②

41 어린이 놀이 시설물 설치에 대한 설명으로 옳지 않은 것은?

① 미끄럼대의 미끄럼판 각도는 일반적으로 30~40도 정도의 범위로 한다.
② 모래터는 하루 4~5시간의 햇볕이 쬐고 통풍이 잘되는 곳에 위치한다.
③ 시소는 출입구에 가까운 곳, 휴게소 근처에 배치하도록 한다.
④ 그네는 통행이 많은 곳을 피하여 동서방향으로 설치한다.

> **해설** 그네는 놀이터의 중앙이나 출입구를 피해 통행량이 적은 모서리나 부지의 외곽 부분에 남북방향으로 설치한다.

42 콘크리트를 혼합한 다음 운반해서 다져 넣을 때까지 시공성의 좋고 나쁨을 나타내는 성질 즉 콘크리트의 시공성을 나타내는 것은?

① 슬럼프시험　　　　　　② 워커빌리티
③ 물·시멘트비　　　　　　④ 양생

> **해설** 워커빌리티(경연성, 시공성)
> 콘크리트를 칠 때 적당한 유동성과 점성이 있어 시공 부분에 채워지고 분리를 일으키지 않는 정도, 시공연도를 말한다.

43 공사원가에 의한 공사비 구성 중 안전관리비가 해당되는 것은?

① 간접재료비　　　　　　② 간접노무비
③ 경비　　　　　　　　　④ 일반관리비

> **해설** 경비 항목
> 전력비, 운반비, 기계경비, 가설비, 특허권사용료, 기술료, 품질관리비, 안전관리비, 보험료, 외주가공비, 연구개발비, 복리후생비, 도서인쇄비, 보상비 등

44 크롬산아연을 안료로 하고, 알키드 수지를 전색료로 한 것으로서 알루미늄 녹막이 초벌칠에 적당한 도료는?

① 광명단　　　　　　　　② 파커라이징
③ 그라파이트　　　　　　④ 징크로메이트

> **해설** 알루미늄, 아연 철판 등 녹 방지용 도료로 쓰인다.

정답　41 ④　42 ②　43 ③　44 ④

45 공사의 실시방식 중 공동 도급의 특징이 아닌 것은?

① 여러 회사의 참여로 위험이 분산된다.
② 이해 충돌이 없고, 임기응변 처리가 가능하다.
③ 공사이행의 확실성이 보장된다.
④ 공사의 하자책임이 불분명하다.

46 배수공사 중 지하층 배수와 관련된 설명으로 옳지 않은 것은?

① 속도랑의 깊이는 심근성보다 천근성 수종을 식재할 때 더 깊게 한다.
② 큰 공원에서는 자연 지형에 따라 배치하는 자연형 배수방법이 많이 이용된다.
③ 암거배수의 배치형태는 어골형, 평행형, 빗살형, 부채살형, 자유형 등이 있다.
④ 지하층 배수는 속도랑을 설치해 줌으로써 가능하다.

> **해설** 속도랑은 심근성 수종을 식재 할 경우 더 깊게 만든다.

47 다음 중 학교 조경의 수목 선정 기준에 가장 부적합한 것은?

① 생태적 특성
② 경관적 특성
③ 교육적 특성
④ 조형적 특성

48 다음 중 교목의 식재 공사 공정으로 옳은 것은?

① 수목방향 정하기 → 구덩이 파기 → 물 죽쑤기 → 묻기 → 지주세우기 → 물집 만들기
② 구덩이 파기 → 물 죽쑤기 → 묻기 → 지주세우기 → 수목방향 정하기 → 물집 만들기
③ 구덩이 파기 → 수목방향 정하기 → 묻기 → 물 죽쑤기 → 지주세우기 → 물집 만들기
④ 수목방향 정하기 → 구덩이 파기 → 묻기 → 지주세우기 → 물 죽쑤기 → 물집 만들기

정답 45 ② 46 ① 47 ④ 48 ③

49 생울타리처럼 수목이 대상으로 군식 되었을 때 거름 주는 방법으로 가장 적당한 것은?

① 전면 거름주기 ② 방사상 거름주기
③ 천공 거름주기 ④ 선상 거름주기

> **해설** 수목 시비방법
> - 전면 시비법 : 수목을 식재하기 전 전면에 밑거름용으로 비료를 살포하여 경운하는 경우와 수목이 밀식되어 수목 한 그루 한 그루에 거름줄 수 없을 경우 전면에 비료를 살포하는 방법 또는 잔디밭 전면에 비료를 살포하는 방법 등이 여기에 속한다.
> - 윤상 시비법 : 수관폭을 형성하는 가지 끝 아래에 수목 밑동을 중심으로 하여 윤상으로 구덩이를 파서 거름을 주는 방법
> - 방사상 시비법 : 수목의 밑동으로부터 밖으로 빛이 퍼져 나가는 형태로 거름을 주는 방법
> - 대상 시비법(격윤상 시비법) : 윤상 거름 주기의 형태이기는 하나, 윤상의 거름 구덩이가 연결되어 있지 않고 일정한 간격으로 띄어 거름을 주는 방법으로, 다음 해에 위치를 바꾸어 거름 주는 방법
> - 선상 시비법 : 산울타리처럼 수목이 대상 군식되었을 때, 식재된 수목을 따라 수목 밑동 고로부터 일정한 간격을 두고 도랑처럼 길게 거름 구덩이를 파서 거름 주는 방법이다.
> - 천공 시비법 : 거름을 주고자 하는 위치에 몇 군데의 구멍을 뚫고 거름 주는 방법으로, 주로 액비를 비탈면에 거름 줄 때 적용한다. 구멍이 메워지는 것을 방지하고, 다음 번 거름을 줄 때 사용하기 위하여 관을 지표보다 약간 높게 세워 묻기도 한다.

50 다음 중 수간주입 방법으로 옳지 않은 것은?

① 구멍의 각도는 50~60도 가량 경사지게 세워서, 구멍지름 20㎜ 정도로 한다.
② 뿌리가 제 구실을 못하고 다른 시비방법이 없을 때 빠른 수세회복을 원할 때 사용한다.
③ 구멍속의 이물질과 공기를 뺀 후 주입관을 넣는다.
④ 중력식 수간주사는 가능한 한 지제부 가까이에 구멍을 뚫는다.

> **해설** 구멍의 각도를 20~30도 주어서 약액이 자연스럽게 흘러 들어가게끔 한다.

51 정원수의 거름주기 설명으로 옳지 않은 것은?

① 지효성의 유기질 비료는 밑거름으로 준다.
② 지효성 비료는 늦가을에서 이른 봄 사이에 준다.
③ 속효성 거름은 7월 이후에 준다.
④ 질소질 비료와 같은 속효성 비료는 덧거름으로 준다.

정답 49 ④ 50 ① 51 ③

해설 기비와 추비

구분	효과	시기	목적	종류
기비(밑거름)	지효성	늦가을~이른 봄	지력 회복	두엄, 깻묵, 계분
추비(덧거름)	속효성	봄~가을	수세 회복	질소질비료, 화학비료

※ 속효성 거름은 7월 말 이내에 준다.

52 다음 중 뿌리분의 형태별 종류에 해당하지 않는 것은?

① 보통분 ② 사각분 ③ 접시분 ④ 조개분

해설 뿌리분의 종류
- 보통분(일반 수종) : 분의 크기 4d, 분의 깊이 3d
- 조개분(심근성 수종) : 분의 크기 4d, 분의 깊이 4d (느티나무, 소나무, 회화나무, 주목 등)
- 접시분(천근성 수종) : 분의 크기 4d, 분의 깊이 2d (자작나무, 미루나무, 편백, 독일가문비, 향나무 등)

53 겨울 전정의 설명으로 틀린 것은?

① 제거 대상가지를 발견하기 쉽고 작업도 용이하다.
② 휴면 중이기 때문에 굵은 가지를 잘라내어도 전정의 영향을 거의 받지 않는다.
③ 상록수는 동계에 강전정하는 것이 가장 좋다.
④ 12~3월에 실시한다.

해설 상록활엽수는 추위에 약하므로 겨울에 강전정을 피해야 한다.

54 잔디의 상토소독에 사용하는 약제는?

① 메티다티온 ② 메틸브로마이드
③ 디캄바 ④ 에테폰

해설 메탐소듐 혹은 메틸브로마이드 등에 의한 토양 훈증 소독 처리를 한다.

 정답 52 ② 53 ③ 54 ②

55 다음 중 수목의 굵은 가지치기 방법으로 옳지 않은 것은?

① 톱으로 자른 자리의 거친 면은 손칼로 깨끗이 다듬는다.
② 잘라낼 부위는 아래쪽에 가지 굵기의 1/3정도 깊이까지 톱자국을 먼저 만들어 놓는다.
③ 톱을 돌려 아래쪽에 만들어 놓은 상처보다 약간 높은 곳을 위에서부터 내리 자른다.
④ 잘라낼 부위는 먼저 가지의 밑동으로부터 10~15㎝ 부위를 위에서부터 아래까지 내리 자른다.

56 질소기아현상에 대한 설명으로 옳지 않은 것은?

① 미생물과 고등식물 간에 질소경쟁이 일어난다.
② 미생물 상호간의 질소경쟁이 일어난다.
③ 토양으로부터 질소의 유실이 촉진된다.
④ 탄질율이 높은 유기물이 토양에 가해질 경우 발생한다.

> **해설** 질소기아현상
> 탄질비가 높은 유기물을 토양에 사용하여 공급한 질소를 유기물을 분해시키는 미생물이 먼저 이용하여 작물이 질소를 이용할 수 없게 되는 현상
> • 탄질률이 높은 유기물이 토양에 가해질 경우 일시적으로 발생
> • 미생물 상호 간은 물론 미생물과 고등식물 사이에 질소 경쟁이 일어난다.
> • 미생물이 토양 중의 질소를 먼저 이용하므로 배수나 휘산에 의한 질소 손실을 막을 수 있다.

57 다음 중 유충은 적색, 분홍색, 검은색이며, 끈끈한 분비물을 분비하며, 식물의 어린잎이나 새가지, 꽃봉오리에 붙어 수액을 빨아먹어 생육을 억제하며, 점착성분비물을 배설하여 그을음병을 발생시키는 해충으로 가장 적합한 것은?

① 진딧물　　② 깍지벌레　　③ 응애　　④ 솜벌레

> **해설** 그을음병
> 식물의 잎, 가지, 열매 표면에 검은 그을음 같은 곰팡이가 생기는 병해로, 주로 진딧물과 같은 흡즙성 해충의 분비물을 먹이로 하는 자낭균류가 원인이다. 이 병은 식물 자체에 직접적인 피해를 주지는 않지만, 광합성을 방해해 쇠약하게 만든다.

58 한국 잔디의 해충으로 가장 큰 피해를 주는 것은?

① 선충　　② 거세미나방　　③ 땅강아지　　④ 풍뎅이 유충

정답　55 ④　56 ③　57 ①　58 ④

59 다음 중 세균에 의한 수목병은?

① 소나무 잎녹병
② 뽕나무 오갈병
③ 밤나무 뿌리혹병
④ 포플러 모자이크병

해설 밤나무 뿌리혹병
뿌리혹병은 Agrobacterium tumefaciens라고 하는 일종의 세균에 의해 발생한다. 병원성 세균은 식물에 암을 유발하는 유전인자를 가지고 있는데, 이것이 정상세포 내로 들어가 형질 전환을 일으켜 암세포를 만들며, 이들 암세포가 증식해서 혹이 만들어진다.
병원균은 어린 혹 또는 땅 속에 남아 있는 부스러진 혹 조직 등에서 월동하지만, 땅 속에서도 수년간 생존하면서 주로 나무의 상처부위를 통해서 침입하기 때문에 지하부의 접목부위, 뿌리의 절단면, 삽수의 하단부 등은 이 병원균의 좋은 침입처가 된다.

60 참나무 시들음병에 대한 설명으로 옳지 않은 것은?

① 매개충의 암컷 등판에는 곰팡이를 넣는 균낭이 있다.
② 매개충은 광릉긴나무좀이다.
③ 피해목은 초가을에 모든 잎이 낙엽 된다.
④ 월동한 성충은 5월경에 침입공을 빠져나와 새로운 나무를 가해한다.

해설 참나무 시들음병
참나무류(갈참나무, 신갈나무 등)가 급속히 말라 죽는 병으로, 광릉긴나무좀과 병원균(Raffaelea quercus mongolicae)의 공생작용으로 발생한다. 매개충인 광릉긴나무좀은 나무 줄기와 가지에 침입공을 만들고 병원균을 전파하며, 피해목은 7월 하순부터 시들기 시작해 겨울까지 잎이 떨어지지 않는다.

정답 59 ③ 60 ③

2025년 제1회 CBT 복원문제

01 S.Gold(1980)의 레크리에이션 계획에 있어 과거의 일반 대중이 여가 시간에 언제, 어디에서, 무엇을 하는가를 상세하게 파악하여 그들의 행동 패턴에 맞추어 계획하는 방법은?

① 자원 접근 방법
② 활동 접근 방법
③ 경제 접근 방법
④ 행태 접근 방법

02 주축선 양쪽에 짙은 수림을 만들어 주축선이 두드러지게 하는 비스타(vista) 수법을 가장 많이 이용한 정원은?

① 영국 정원
② 독일 정원
③ 이탈리아 정원
④ 프랑스 정원

03 주축선 양쪽에 짙은 수림을 만들어 주축선이 두드러지게 하는 비스타(vista) 수법을 가장 많이 이용한 정원은?

① 영국 정원
② 독일 정원
③ 이탈리아 정원
④ 프랑스 정원

04 우리나라 최초의 대중적인 도시공원은?

① 남산공원
② 사직공원
③ 파고다공원
④ 장충공원

05 다음 중 이탈리아 정원의 가장 큰 특징은?

① 평면기하학식
② 노단건축식
③ 자연풍경식
④ 중정식

정답 01 ④ 02 ④ 03 ③ 04 ④ 05 ②

06 임해전이 주로 직선으로 된 연못의 서북쪽 남북축선상에 배치되어 있고, 연못 내 돌을 쌓아 무산 12봉을 본따 석가산을 조성한 통일신라시대에 건립된 조경유적은?

① 안압지 ② 부용지 ③ 포석정 ④ 향원지

07 다음 중 경주 월지(안압지 雁鴨池)에 있는 섬의 모양으로 가장 적당한 것은?

① 사각형 ② 육각형 ③ 한반도형 ④ 거북이형

08 고려시대 궁궐 정원을 맡아보던 관서는?

① 원야 ② 장원서 ③ 상림원 ④ 내원서

09 원명원 이궁과 만수산 이궁은 어느 시대의 대표적 정원인가?

① 명나라 ② 청나라 ③ 송나라 ④ 당나라

10 다음 중 감법혼색(subtractive color mixture, 減法混色)의 3원색이 아닌 것은?

① 초록(Green) ② 마젠타(Magenta)
③ 시안(Cyan) ④ 노랑(Yellow)

11 삼국유사 중 사절유택(四節遊宅)에 대한 설명으로 틀린 것은?

① 봄-동야택(東野宅) ② 여름-곡량택(谷良宅)
③ 가을-동이택(東伊宅) ④ 겨울-가이택(加伊宅)

12 이탈리아 르네상스 시대의 조경 작품이 아닌 것은?

① 빌라 토스카나(Villa Toscana) ② 빌라 란셀로티(Villa Lancelotti)
③ 빌라 메디치(Villa de Medici) ④ 빌라 란테(Villa Lante)

정답 06 ① 07 ④ 08 ④ 09 ② 10 ① 11 ③ 12 ②

13 계단폭포, 물 무대, 분수, 정원극장, 동굴 등의 조경 수법이 가장 많이 나타났던 정원은?

① 영국 정원　　② 프랑스 정원　　③ 스페인 정원　　④ 이탈리아 정원

14 조경 분야 중 프로젝트의 수행 단계별로 구분하는 순서로 가장 적합한 것은?

① 설계 → 계획 → 시공 → 관리　　② 계획 → 설계 → 시공 → 관리
③ 설계 → 관리 → 계획 → 시공　　④ 시공 → 설계 → 계획 → 관리

15 일본정원의 효시라고 할 수 있는 수미산과 홍교를 만든 사람은?

① 몽창국사　　② 소굴원주　　③ 노자공　　④ 풍산수길

16 플라스틱 제품의 특성이라고 할 수 있는 것은 어느 것인가?

① 콘크리트, 알루미늄보다 가볍고, 강도와 탄력성이 크다.
② 내열성이 크고 내후성, 내광성이 좋다.
③ 불에 타지 않으며, 부식이 된다.
④ 내화성, 내산성, 내충격성 등의 특성이 있다.

17 화강암(Granite)에 대한 설명 중 옳지 않은 것은?

① 내마모성이 우수하다.
② 구조재로 사용이 가능하다.
③ 내화도가 높아 가열 시 균열이 적다.
④ 절리의 거리가 비교적 커서 큰 판재를 생산할 수 있다.

18 콘크리트 블록 제품의 특징으로 적합하지 않은 것은?

① 모양을 임의로 만들 수 있다.
② 유지관리비가 적게 든다.
③ 인장강도 및 휨강도가 큰 편이다.
④ 만드는 방법이 비교적 간단하다.

정답　13 ④　14 ②　15 ③　16 ①　17 ③　18 ③

19 보도에 콘크리트 블록을 포장하려고 하는데 면적이 10㎡일 때 소요되는 블록의 장수는? (단, 보도용 콘크리트 규격은 25㎝×25㎝×6㎝, 줄눈 두께는 3㎜, 모래 깔기는 3㎝로 하되, 줄눈 두께와 할증은 계산 시 고려하지 않는다.)

① 100장 ② 110장 ③ 130장 ④ 160장

20 다음 중 난지형 잔디에 해당되는 것은?

① 레드톱 ② 버뮤다그라스
③ 톨 훼스큐 ④ 켄터키 블루그라스

21 천연석을 잘게 분쇄하여 색소와 시멘트를 혼합·연마한 것으로 부드러운 질감을 느끼게 하지만 미끄러운 결점이 있는 보차도용 콘크리트 제품은?

① 경계블록 ② 보도블록
③ 인조석 보도블록 ④ 강력압력 보도블록

22 돌을 뜰 때 앞면, 뒷면, 길이 접촉부 등의 치수를 지정해서 깨낸 돌을 무엇이라 하는가?

① 견치돌 ② 호박돌 ③ 사괴석 ④ 평석

23 시멘트의 종류 중 혼합시멘트에 속하는 것은?

① 팽창시멘트 ② 알루미나시멘트
③ 고로슬래그시멘트 ④ 조강포틀랜드시멘트

24 벽돌 표준형의 크기는 190㎜×90㎜×57㎜이다. 벽돌 줄눈의 두께를 10㎜로 할 때, 표준형 벽돌벽 1.5B의 두께는 얼마인가?

① 170㎜ ② 270㎜ ③ 290㎜ ④ 330㎜

정답 19 ④ 20 ② 21 ③ 22 ① 23 ③ 24 ③

25 C.C.A 방부제의 성분이 아닌 것은?

① 크롬　　② 구리　　③ 아연　　④ 비소

26 다음 중 은행나무의 설명으로 틀린 것은?

① 분류상 낙엽활엽수이다.
② 나무껍질은 회백색, 아래로 깊이 갈라진다.
③ 양수로 적윤지 토양에 생육이 적당하다.
④ 암수한그루이고 5월 초에 잎과 꽃이 함께 개화한다.

27 황색 꽃을 갖는 나무는?

① 모감주나무　　② 조팝나무　　③ 박태기나무　　④ 산철쭉

28 덩굴성 식물로만 짝지어진 것은?

① 으름덩굴, 수국
② 등, 금목서
③ 송악, 담쟁이덩굴
④ 치자나무, 멀꿀

29 담금질을 한 강에 인성을 주기 위하여 변태점 이하의 적당한 온도에서 가열한 다음 냉각시키는 조작을 의미하는 것은?

① 풀림　　② 사출　　③ 불림　　④ 뜨임질

30 페니트로티온 45% 유제 원액 100cc를 0.05%로 희석 살포액을 만들려고 할 때 필요한 물의 양은 얼마인가? (단, 유제의 비중은 1.0이다.)

① 69,900cc　　② 79,900cc　　③ 89,900cc　　④ 99,900cc

31 다음 중 작은 변형에도 쉽게 파괴되는 재료의 성질은?

① 연성　　② 인성　　③ 전성　　④ 취성

정답　25 ③　26 ①　27 ①　28 ③　29 ④　30 ③　31 ④

32 목재가공 작업 과정 중 소지조정, 눈막이(눈메꿈), 샌딩 실러 등은 무엇을 하기 위한 것인가?

① 도장　　② 연마　　③ 접착　　④ 오버레이

33 가로 조명등의 종류별 특징에 관한 설명으로 틀린 것은?

① 강철 조명등은 내구성이 강하지만 부식이 잘 된다.
② 알루미늄 조명등은 부식에 약하지만 비용이 저렴한 편이다.
③ 콘크리트 조명등은 유지가 용이하고, 내구성이 강하지만 설치 시 무게로 인해 장비가 요구된다.
④ 나무로 만든 조명등은 미관적으로 좋고 초기의 유지가 용이하다.

34 다음 중 녹음용 수종에 관한 설명으로 가장 거리가 먼 것은?

① 여름철에 강한 햇빛을 차단하기 위해 식재되는 나무를 말한다.
② 잎이 크고 치밀하며 겨울에는 낙엽이 지는 나무가 녹음수로 적당하다.
③ 지하고가 낮은 교목으로 가로수로 쓰이는 나무가 많다.
④ 녹음용 수목으로는 느티나무, 회화나무, 칠엽수, 플라타너스 등이 있다.

35 일반적으로 대형나무 및 경관적으로 중요한 곳에 설치하며, 나무줄기의 적당한 높이에서 고정한 와이어로프를 세 방향으로 벌려서 지하에 고정하는 지주 설치 방법은?

① 삼발이형　　② 당김줄형　　③ 매몰형　　④ 연결형

36 경사도(勾配, slope)가 15%인 도로면상의 경사거리 135m에 대한 수평거리는?

① 130.0m　　② 132.0m　　③ 133.5m　　④ 136.5m

37 조경수목에 사용되는 농약과 관련된 내용으로 부적합한 것은?

① 농약은 다른 용기에 옮겨 보관하지 않는다.
② 살포 작업은 아침, 저녁 서늘한 때를 피하여 한낮 뜨거운 때 작업한다.
③ 살포 작업 중에는 음식을 먹거나 담배를 피우면 안 된다.
④ 농약 살포 작업은 한 사람이 2시간 이상 계속하지 않는다.

정답　32 ①　33 ②　34 ③　35 ②　36 ③　37 ②

38 터닦기 할 때 성토(흙쌓기) 시 침하에 대비하여 계획된 높이보다 몇 % 정도 더돋기를 하는가?

① 3~5%　　② 10~15%　　③ 20~25%　　④ 30~35%

39 일반적으로 계단을 설계할 때 계단의 축상(蹴上) 높이가 12cm일 때 답면(踏面)의 너비(cm)로 가장 적합한 것은?

① 20~25　　② 26~31　　③ 31~36　　④ 36~41

40 자연석 놓기 중에서 경관석 놓기를 설명한 것 중 틀린 것은?

① 시선이 집중되는 곳이나 중요한 자리에 한 두 개 또는 몇 개를 짜임새 있게 놓고 감상한다.
② 경관석을 놓았을 때 보는 사람으로 하여금 아름다움을 느끼게 멋과 기풍이 있어야 한다.
③ 경관석 짜기의 기본은 주석(중심석)과 부석을 바꾸어 놓고 4, 6, 8… 등 균형감 있게 짝수로 놓아야 자연스럽게 보인다.
④ 경관석을 다 놓은 후에는 그 주변에 알맞은 관목이나 초화류를 식재하여 조화롭고 돋보이는 경관이 되도록 한다.

41 소나무의 순따기(摘芯)에 관한 설명 중 틀린 것은?

① 해마다 4~6월 새순이 6~9㎝ 자라난 무렵에 실시한다.
② 손끝으로 따주어야 하고, 가을까지 끝내면 된다.
③ 노목이나 약해 보이는 나무는 다소 빨리 실시한다.
④ 상장생장(上長生長)을 정지시키고, 곁눈의 발육을 촉진 시킴으로써 새로 자라나는 가지의 배치를 고르게 한다.

42 다음 중 벽돌쌓기 작업에 관한 설명으로 틀린 것은?

① 시공 시 가능하면 통줄눈으로 쌓는다.
② 벽돌은 쌓기 전에 충분히 물을 축여 쌓는다.
③ 벽돌은 어느 부분이든 균일한 높이로 쌓아 올라간다.
④ 치장줄눈은 되도록 짧은 시일에 하는 것이 좋다.

정답　38 ②　39 ④　40 ③　41 ②　42 ①

43 다음 수목의 전정에 관한 설명 중 틀린 것은?

① 가로수의 밑가지는 2m 이상 되는 곳에서 나오도록 한다.
② 이식 후 활착을 위한 전정은 본래의 수형이 파괴되지 않도록 한다.
③ 춘계전정(4~5월) 시 진달래, 목련 등의 화목류는 개화가 끝난 후에 하는 것이 좋다.
④ 하계전정(6~8월)은 수목의 생장이 왕성한 때이므로 강전정을 해도 나무가 상하지 않아서 좋다.

44 수목의 굴취 방법에 대한 설명으로 틀린 것은?

① 옮겨 심을 나무는 그 나무의 뿌리가 퍼져 있는 위치의 흙을 붙여 뿌리분을 만드는 방법과 뿌리만을 캐내는 방법이 있다.
② 일반적으로 크기가 큰 수종, 상록수, 이식이 어려운 수종, 희귀한 수종 등은 뿌리분을 크게 만들어 옮긴다.
③ 일반적으로 뿌리분의 크기는 근원 반지름의 4~6배를 기준으로 하며, 보통분의 깊이는 근원 반지름의 3배이다.
④ 전뿌리분의 모양은 심근성 수종은 조개분 모양, 천근성인수종은 접시분 모양, 일반적인 수종은 보통분으로 한다.

45 다음 중 파종잔디 조성에 관한 설명으로 잘못된 것은?

① 1ha당 잔디 종자는 약 50~150㎏ 정도 파종한다.
② 파종 시기는 난지형 잔디는 5~6월 초순경, 한지형 잔디는 9~10월 또는 3~5월경을 적기로 한다.
③ 종방향, 횡방향으로 파종하고 충분히 복토한다.
④ 토양 수분 유지를 위해 폴리에틸렌필름이나 볏짚, 황마 천, 차광막 등으로 덮어준다.

46 잔디밭의 관수 시간으로 가장 적당한 것은?

① 오후 2시경에 실시한다.
② 정오경에 실시한다.
③ 오후 6시 이후 저녁이나 일출 전에 한다.
④ 아무 때나 관수한다.

정답 43 ④ 44 ③ 45 ③ 46 ③

47 토양 환경 개선을 위해 유공관을 지면과 수직으로 뿌리 주변에 세워 토양 내 공기를 공급하여 뿌리호흡을 유도하는데, 유공관의 깊이는 수종, 규격, 식재 지역의 토양 상태에 따라 다르게 할 수 있으나 평균깊이는 몇 m 이내로 하는 것이 바람직한가?

① 1m ② 1.5m ③ 2m ④ 3m

48 식재 설계 도면상에서 특정 수목의 규격 표시를 H3.0×R10으로 표기하고 있을 때 그 중 'R'이 의미하는 것은?

① 흉고직경 ② 근원직경 ③ 반지름 ④ 수관폭

49 파이토플라즈마에 의한 주요 수목병에 해당되지 않는 것은?

① 오동나무 빗자루병 ② 뽕나무 오갈병
③ 대추나무 빗자루병 ④ 소나무 시들음병

50 다음 중 잎에 등황색의 반점이 생기고 반점으로부터 붉은가루가 발생하는 병으로 한국 잔디의 대표적인 것은?

① 붉은 녹병 ② 푸사리움 패치(Fusarium patch)
③ 황화현상 ④ 달라스폿(dollar spot)

51 병충해 방제를 목적으로 쓰이는 농약의 포장지 표기 형식 중 색깔이 분홍색을 나타내는 것은 어떤 종류의 농약을 가리키는가?

① 살충제 ② 살균제 ③ 제초제 ④ 살비제

52 신체장애인을 위한 경사로(RAMP)를 만들 때 가장 적당한 경사는?

① 8% 이하 ② 10% 이하 ③ 12% 이하 ④ 15% 이하

53 다음 중 골프장에서 잔디와 그린이 있는 곳을 제외하고 모래나 연못 등과 같이 장애물을 설치한 곳을 가르키는 것은?

① 페어웨이 ② 해저드 ③ 벙커 ④ 러프

정답 47 ① 48 ② 49 ④ 50 ① 51 ② 52 ① 53 ②

54 정원수를 이식할 때 가지와 잎을 적당히 잘라 주는 이유는 다음 중 어떤 목적에 해당하는가?

① 생장을 돕는 가지다듬기
② 생장을 억제하는 가지다듬기
③ 세력을 갱신하는 가지다듬기
④ 생리 조정을 위한 가지다듬기

55 다음 중 주차장법 시행규칙에 의한 주차장의 주차구획 중 장애인 전용 주차장의 너비와 길이로 알맞은 것은?

① 2.0m 이상×3.6m 이상
② 2.5m 이상×5.0m 이상
③ 2.6m 이상×5.2m 이상
④ 3.3m 이상×5.0m 이상

56 흰가루병을 방제하기 위하여 사용하는 약품으로 부적당한 것은?

① 티오파네이트메틸수화제(지오판엠)
② 결정석회황합제(유황합제)
③ 디비이디시(황산구리)유제(산요루)
④ 데메톤-에스-메틸유제(메타시스톡스)

57 도시공원 및 녹지 등에 관한 법률 시행규칙에 의해 도시공원의 효용을 다하기 위하여 설치하는 공원시설 중 운동시설로 분류되는 것은?

① 야유회장
② 자연체험장
③ 정글짐
④ 전망대

58 중앙에 큰 암거를 설치하고 좌우에 작은 암거를 연결시키는 형태로, 경기장과 같이 전 지역의 배수가 균일하게 요구되는곳에 주로 이용되는 형태는?

① 어골형
② 즐치형
③ 자연형
④ 차단법

정답 54 ④ 55 ④ 56 ④ 57 ② 58 ①

59 공해 중 아황산가스(SO₂)에 의한 수목의 피해를 설명한 것으로 가장 알맞은 것은?

① 한낮이나 생육이 왕성한 봄, 여름에 피해를 입기 쉽다.
② 밤이나 가을에 피해가 심하다.
③ 공기 중의 습도가 낮을 때 피해가 심하다.
④ 겨울에 피해가 심하다.

60 관수공사에 대한 설명으로 가장 부적당한 것은?

① 관수 방법은 지표 관개법, 살수 관개법, 낙수식 관개 법으로 나눌 수 있다.
② 살수 관개법은 설치비가 많이 들지만, 관수효과가 높다.
③ 수압에 의해 작동하는 회전식은 360°까지 임의 조절이 가능하다.
④ 회전 장치가 수압에 의해 지상 10cm로 상승 또는 하강하는 팝업(pop-up) 살수기는 평소 시각적으로 불량하다.

정답 59 ① 60 ④

2025년 제2회 CBT 복원문제

01 다음 설명의 A, B에 적합한 용어는?

> 인간의 눈은 원추세포를 통해 (A)을(를) 지각하고, 간상세포를 통해 (B)을(를) 지각한다.

① A : 색채, B : 명암
② A : 밝기, B : 채도
③ A : 명암, B : 색채
④ A : 밝기, B : 색조

02 우리나라의 독특한 정원수법인 후원 양식이 가장 성행한 시기는?
① 고려시대 초엽
② 고려시대 말엽
③ 조선시대
④ 삼국시대

03 다음 중 인도정원에 영향을 미친 가장 중요한 요소는?
① 노단
② 토피어리
③ 돌수반
④ 물

04 통일신라 시대의 안압지에 관한 설명으로 틀린 것은?
① 연못의 남쪽과 서쪽은 직선이고 동안은 돌출하는 반도로 되어 있으며, 북쪽은 굴곡 있는 해안형으로 되어 있다.
② 신선사상을 배경으로 한 해안 풍경을 묘사하였다
③ 연못 속에는 3개의 섬이 있는데 임해전의 동쪽에 가장 큰 섬과 가장 작은 섬이 위치한다.
④ 물이 유입되고 나가는 입구와 출구가 한군데 모여 있다.

 정답 01 ① 02 ③ 03 ④ 04 ④

05 미국 식민지 개척을 통한 유럽 각국의 다양한 사유지 중심의 정원 양식이 공공적인 성격으로 전환되는 계기에 영향을 끼친 것은?

① 스토우 정원 ② 보르비콩트 정원
③ 스투어헤드 정원 ④ 버컨헤드 공원

06 회교식 건축 수법과 함께 발달한 정원 양식은?

① 이탈리아 정원 ② 프랑스 정원
③ 근대건축식 정원 ④ 스페인 정원

07 다음 중 중국 4대 명원(四大名園)에 포함되지 않는 것은?

① 작원 ② 사자림 ③ 졸정원 ④ 창랑정

08 주축선 양쪽에 짙은 수림을 만들어 주축선이 두드러지게 하는 비스타(vista) 수법을 가장 많이 이용한 정원은?

① 영국 정원 ② 독일 정원
③ 이탈리아 정원 ④ 프랑스 정원

09 자연경관을 인공으로 축경화(縮景化)하여 산을 쌓고, 연못 계류 수림을 조성한 정원은?

① 전원풍경식 ② 회유임천식
③ 고산수식 ④ 중정식

10 일본의 독특한 정원 양식으로 여행 취미의 결과 얻어진 풍경의 수목이나 명승고적, 폭포, 호수, 명산계곡 등을 그대로 정원에 축소시켜 감상하는 것은?

① 축경원 ② 평정고산수식정원
③ 회유임천식정원 ④ 다정

정답 05 ④ 06 ④ 07 ① 08 ④ 09 ② 10 ①

11 일본에서 고산수(枯山水) 수법이 가장 크게 발달했던 시기는?

① 가마꾸라(鎌倉) 시대　　② 무로마찌(室町) 시대
③ 모모야마(桃山) 시대　　④ 에도(江戶) 시대

12 다음 중 일시적 경관이 아닌 것은?

① 기상변화에 따른 변화　　② 물 위에 투영된 영상(影像)
③ 동물의 출현　　④ 가을의 단풍

13 파란색 조명에 빨간색 조명과 초록색 조명을 동시에 켰더니 하얀색으로 보였다. 이처럼 빛에 의한 색채의 혼합 원리는?

① 가법혼색　　② 병치혼색
③ 회전혼색　　④ 감법혼색

14 다음 중 경관구성의 기본요소가 아닌 것은?

① 선　　② 형태　　③ 질감　　④ 구조

15 영국의 18세기 낭만주의 사상과 관련이 있는 것은?

① 스토우(stowe) 정원　　② 비큰히드(Birkenhead) 공원
③ 분구원(分區園)　　④ 베르사이유궁의 정원

16 플라스틱 제품의 특성이라고 할 수 있는 것은 어느 것인가?

① 콘크리트, 알루미늄보다 가볍고, 강도와 탄력성이 크다.
② 내열성이 크고 내후성, 내광성이 좋다.
③ 불에 타지 않으며, 부식이 된다.
④ 내화성, 내산성, 내충격성 등의 특성이 있다.

정답　11 ②　12 ④　13 ①　14 ④　15 ①　16 ①

17 종류로는 수용형, 용제형, 분말형 등이 있으며 목재, 금속, 플라스틱 및 이들 이종재(異種材) 간의 접착에 사용되는 합성수지 접착제는?

① 페놀수지 접착제
② 폴리에스테르수지 접착제
③ 카세인 접착제
④ 요소수지 접착제

18 콘크리트 소재의 미끄럼대를 시공할 경우 일반적으로 지표면과 미끄럼판의 활강 부분이 이루는 각도로 가장 적합한 것은?

① 70°   ② 55°   ③ 45°   ④ 35°

19 진비중이 1.5, 전건비중이 0.54인 목재의 공극률은?

① 66%   ② 64%   ③ 62%   ④ 60%

20 가설공사 중 시멘트 창고 필요 면적 산출 시에 최대로 쌓을 수 있는 시멘트 포대 기준은?

① 9포대   ② 11포대   ③ 13포대   ④ 15포대

21 굳지 않은 모르타르나 콘크리트에서 물이 분리되어 위로 올라오는 현상은?

① 워커빌리티(Workability)
② 블리딩(Bleeding)
③ 피니셔빌리티(Finishability)
④ 레이턴스(Laitance)

22 레미콘 규격이 25−210−12로 표시되어 있다면 ⓐ−ⓑ−ⓒ 순서대로 의미가 맞는 것은?

① ⓐ 슬럼프, ⓑ 골재최대치수, ⓒ 시멘트의 양
② ⓐ 물·시멘트비, ⓑ 압축강도, ⓒ 골재최대치수
③ ⓐ 골재최대치수, ⓑ 압축강도, ⓒ 슬럼프
④ ⓐ 물·시멘트비, ⓑ 시멘트의 양, ⓒ 골재최대치수

정답 17 ① 18 ④ 19 ② 20 ③ 21 ② 22 ③

23 자연석 무너짐 쌓기 방법의 설명으로 가장 거리가 먼 것은?

① 기초가 될 밑돌은 약간 큰 돌을 사용해서 땅속에 20~30㎝ 정도 깊이로 묻는다.
② 제일 윗부분에 놓는 돌은 돌의 윗부분이 모두 고저 차가 크게 나도록 놓는다.
③ 돌과 돌이 맞물리는 곳에는 작은 돌을 끼워 넣지 않는다.
④ 돌을 쌓고 난 후 돌과 돌 사이의 틈에는 키가 작은 관목을 식재한다.

24 크롬산 아연을 안료로 하고, 알키드 수지를 전색료로 한 것으로서 알루미늄 녹막이 초벌칠에 적당한 도료는?

① 광명단
② 파커라이징(Parkerizing)
③ 그라파이트(Graphite)
④ 징크로메이트(Zincromate)

25 다음 중 목재의 건조에 관한 설명으로 틀린 것은?

① 건조 기간은 자연 건조 시는 인공건조에 비해 길고, 수종에 따라 차이가 있다.
② 인공건조 방법에는 증기건조, 공기가열건조, 고주파건조법 등이 있다.
③ 자연 건조 시 두께 3㎝의 침엽수는 약 2~6개월 정도 걸리고 활엽수는 그보다 짧게 걸린다.
④ 목재의 두꺼운 판을 급속히 건조할 경우에는 고주파건조법이 효과적이다.

26 시멘트의 종류 중 혼합시멘트에 속하는 것은?

① 팽창시멘트
② 알루미나시멘트
③ 고로슬래그시멘트
④ 조강포틀랜드시멘트

27 나무의 순을 따는 작업을 무엇이라 하는가?

① 순따기   ② 눈따기   ③ 눈솎기   ④ 전정

정답 23 ② 24 ④ 25 ③ 26 ③ 27 ①

28 가을에 단풍이 노란색으로 물드는 수종은?

① 붉나무　　　　　　　　② 붉은고로쇠나무
③ 담쟁이덩굴　　　　　　④ 화살나무

29 다음 중 단풍나무과 수종이 아닌 것은?

① 고로쇠나무　　　　　　② 신갈나무
③ 신나무　　　　　　　　④ 복자기

30 탄성한계보다 큰 당김 변형력을 줄 때 깨지지 않고 길이 방향으로 늘어나는 물질의 성질을 무엇이라고 하는가?

① 연성　　② 전성　　③ 취성　　④ 인성

31 평판측량의 3요소가 아닌 것은?

① 수평 맞추기[정준]　　　② 중심 맞추기[구심]
③ 방향 맞추기[표정]　　　④ 수직 맞추기[수준]

32 다음 중 미선나무에 대한 설명으로 옳은 것은?

① 열매는 부채 모양이다.
② 꽃 색은 노란색으로 향기가 있다.
③ 상록활엽교목으로 산야에서 흔히 볼 수 있다.
④ 원산지는 중국이며 세계적으로 여러 종이 존재한다.

33 방풍림을 설치하려고 할 때 가장 알맞은 수종은 어느 것인가?

① 구실잣밤나무　　　　　② 자작나무
③ 버드나무　　　　　　　④ 사시나무

정답　28 ②　29 ②　30 ①　31 ④　32 ①　33 ①

34 조경수목의 분류 중 상록관목에 해당되지 않는 것은?

① 피라칸사스　　　　　　　② 꽝꽝나무
③ 호랑가시나무　　　　　　④ 보리수나무

35 표준품셈에서 포함된 것으로 규정된 소운반 거리는 몇 m 이내를 말하는가?

① 10m　　② 20m　　③ 30m　　④ 50m

36 설계 도면에 표시하기 어려운 재료의 종류나 품질, 시공 방법, 재료 검사 방법 등에 대해 충분히 알 수 있도록 글로 작성하여 설계상의 부족한 부분을 규정 보충한 문서는?

① 일위대가표　② 설계 설명서　③ 시방서　④ 내역서

37 비교적 좁은 지역에서 대축척으로 세부 측량을 할 경우 효율적이며, 지역 내에 장애물이 없는 경우 유리한 평판 측량방법은?

① 방사법　② 전진법　③ 전방교회법　④ 후방교회법

38 체계적인 품질관리를 추진하기 위한 데밍(Deming's Cycle)의 관리로 가장 적합한 것은?

① 계획(Plan) – 추진(Do) – 조치(Action) – 검토(Check)
② 계획(Plan) – 검토(Check) – 추진(Do) – 조치(Action)
③ 계획(Plan) – 조치(Action) – 검토(Check) – 추진(Do)
④ 계획(Plan) – 추진(Do) – 검토(Check) – 조치(Action)

39 일상생활에 필요한 모든 시설물 도보권 내에 두고, 차량 동선을 구역 내에 끌어들이지 않았으며, 간선도로에 의해 경계가 형성되는 도시계획 구상은?

① 하워드의 전원도시론
② 테일러의 위성도시론
③ 르코르뷔지에의 찬란한 도시론
④ 페리의 근린주구론

정답　34 ④　35 ②　36 ③　37 ①　38 ④　39 ④

40 다음 중 조경공사의 일반적인 순서를 바르게 나타낸 것은?

① 부지지반조성 → 조경시설물설치 → 지하매설물설치 → 수목식재
② 부지지반조성 → 지하매설물설치 → 수목식재 → 조경시설물설치
③ 부지지반조성 → 수목식재 → 지하매설물설치 → 조경시설물설치
④ 부지지반조성 → 지하매설물설치 → 조경시설물설치 → 수목식재

41 설계안이 완공되었을 경우를 가정하여 설계 내용을 실제 눈에 보이는 대로 절단한 면을 그린 그림은?

① 평면도　　② 조감도　　③ 투시도　　④ 상세도

42 식물의 아래 잎에서 황화현상이 일어나고 심하면 잎 전면에 나타나며, 잎이 작지만 잎수가 감소하며 초본류의 초장이 작아지고 조기 낙엽이 비료 결핍의 원인이라면 어느 비료 요소와 관련된 설명인가?

① P　　② N　　③ Mg　　④ K

43 골프장 설치 장소로 적합하지 않은 곳은?

① 교통이 편리한 위치에 있는 곳
② 골프 코스를 흥미롭게 설계할 수 있는 곳
③ 기후의 영향을 많이 받는 곳
④ 부지매입이나 공사비가 절약될 수 있는 곳

44 겨울철 좋은 생활환경과 나무의 생육을 위해 최소 얼마 정도의 광선이 필요한가?

① 2시간 정도　　② 4시간 정도
③ 6시간 정도　　④ 10시간 정도

정답　40 ④　41 ③　42 ②　43 ③　44 ③

45 수로의 사면보호, 연못바닥, 원로의 포장 등에 주로 쓰이는 돌은?

① 산석 ② 하천석
③ 잡석 ④ 호박돌

46 다음 수목 중 봄철에 꽃을 가장 빨리 보려면 어떤 수종을 식재해야 하는가?

① 말발도리 ② 자귀나무
③ 매실나무 ④ 금목서

47 굴취해 온 수목을 현장의 사정으로 즉시 식재하지 못하는 경우 가식하게 되는데 그 가식 장소로 부적합한 곳은?

① 햇빛이 잘 드는 양지바른 곳
② 배수가 잘되는 곳
③ 식재할 때 운반이 편리한 곳
④ 주변의 위험으로부터 보호받을 수 있는 곳

48 다음 중 용적률에 대한 설명으로 틀린 것은?

① 대지면적에 대한 연면적의 비율을 말한다.
② 지하층의 면적을 포함한다.
③ 용적률이 높을수록 대지면적에 대한 호수밀도 등이 증가하게 된다.
④ 개발밀도를 가늠하는 척도로 활용한다.

49 다음 중 측량 목적에 따른 분류와 거리가 먼 것은?

① GPS 측량 ② 지형 측량
③ 노선 측량 ④ 항만 측량

정답 45 ④ 46 ③ 47 ① 48 ② 49 ①

50 습지식물 재료 중 서식 환경 분류상 물 속에서 자라며, 미나리아재비목으로 여러해살이 식물인 것은?

① 속새   ② 부들   ③ 붕어마름   ④ 솔잎사초

51 해충의 방제 방법 분류상 "잠복소"를 설치하여 해충을 방제하는 방법은?

① 물리적 방제법   ② 내병성 품종 이용법
③ 생물적 방제법   ④ 화학적 방제법

52 골프장 코스 중 출발 지점을 말하는 것은?

① 티(tee)   ② 그린(green)
③ 페어웨이(fair way)   ④ 해저드(hazard)

53 수분 요구도가 낮아 건조지에 가장 잘 견디는 수목은?

① 낙우송   ② 물푸레나무
③ 대추나무   ④ 가중나무

54 고로쇠나무와 복자기에 대한 설명으로 옳지 않은 것은?

① 복자기의 잎은 복엽이다.   ② 두 수종은 모두 열매는 시과이다
③ 두 수종은 모두 단풍색이 붉은색이다.   ④ 두 수종은 모두 과명이 단풍나무과이다.

55 일반적으로 수목의 뿌리돌림 시, 분의 크기는 근원직경의 몇 배 정도가 알맞은가?

① 2배   ② 4배   ③ 8배   ④ 12배

56 농약의 사용 시 확인 할 농약 방제 대상별 포장지와 색깔구분이 올바른 것은?

① 살균제 - 청색   ② 제초제 - 분홍색
③ 살충제 - 초록색   ④ 생장조절제 - 노란색

정답 50 ③   51 ①   52 ①   53 ④   54 ③   55 ②   56 ③

57 다음 중 내풍성이 약하여 바람에 잘 쓰러지는 수종은?

① 느티나무　　　　　　　　② 갈참나무
③ 가시나무　　　　　　　　④ 미루나무

58 추위에 의하여 나무의 줄기 또는 수피가 수선 방향으로 갈라지는 현상을 무엇이라 하는가?

① 고사　　② 피소　　③ 상렬　　④ 괴사

59 원로의 기울기가 몇 도 이상일 때 일반적으로 계단을 설치하는가?

① 3°　　② 5°　　③ 10°　　④ 15°

60 다음 한국 잔디의 특성을 설명한 것 중 옳은 것은?

① 약산성의 토양을 좋아한다.　　② 그늘을 좋아한다.
③ 잔디를 깎으면 깎을수록 약해진다.　　④ 습윤지를 좋아한다.

정답　57 ④　58 ③　59 ④　60 ①

조경기능사 필기 5개년시험문제

발 행 일	2026년 1월 10일 개정 초판 1쇄 인쇄
	2026년 1월 20일 개정 초판 1쇄 발행
저　자	윤봉준
발 행 처	 크라운출판사 http://www.crownbook.com
발 행 인	李尙原
신고번호	제 300-2007-143호
주　소	서울시 종로구 율곡로13길 21
공 급 처	(02) 765-4787, 1566-5937
전　화	(02) 745-0311~3
팩　스	(02) 743-2688
홈페이지	www.crownbook.co.kr
ISBN	978-89-406-5003-5 / 13530

저자협의 인지생략

특별판매정가　19,000원

이 도서의 판권은 크라운출판사에 있으며, 수록된 내용은 무단으로 복제, 변형하여 사용할 수 없습니다.
Copyright CROWN, ⓒ 2026 Printed in Korea

이 도서의 문의를 편집부(02-6430-7028)로 연락주시면 친절하게 응답해 드립니다.